FORSCHUNGSBERICHTE DES LANDES NORDRHEIN-WESTFALEN

Nr. 1737

Herausgegeben

im Auftrage des Ministerpräsidenten Dr. Franz Meyers

vom Landesamt für Forschung, Düsseldorf

DK 621.979.002.54:621.983.3

*Prof. Dr.-Ing. habil. Gerhard Oehler, Düsseldorf*

*Deutsche Forschungsgesellschaft für*
*Blechverarbeitung und Oberflächenbehandlung e. V.*

# Die Grenzen der Umformung dünner Bleche mittels elastischer Druckmittel

SPRINGER FACHMEDIEN WIESBADEN GMBH

ISBN 978-3-663-06096-3     ISBN 978-3-663-07009-2 (eBook)
DOI 10.1007/978-3-663-07009-2

Verlags-Nr. 011737

# Inhalt

# 1. Einführung

Das Umformen von Blechen derart, daß mittels eines Gummiblocks das Blech gegen eine härtere Unterlage gedrückt und dabei umgeformt wird, ist keineswegs neu. Schon am Ende des vergangenen Jahrhunderts wurde dieses Verfahren zwar nicht häufig, aber zuweilen angewandt. Dies gilt insbesondere für die Herstellung der damals üblichen Zierleisten aus dünnen Messingblechen, die den oberen Tapetenrand gegen den Wandputz abschlossen. Dabei wurden dünne Messingbänder durch ein Walzenpaar – sogenannte Bossier-Rollen – hindurchgetrieben, wobei die eine Walze aus graviertem Stahl, die andere aus einem beiderseits von Stahlscheiben gehaltenen Gummiring bestand.

Die meist aus Naturgummi, seit dem zweiten Weltkrieg auch aus elastischen Kunststoffen bestehenden Gummikissen befriedigten infolge ihres Verschleißes wenig. Dem Werkzeugbauer, der von diesen Werkstoffen nur weiß, daß sie sehr temperaturempfindlich sind – Naturgummi auch empfindlich gegen Öl – ist dieser Werkstoff bis heute wenig sympathisch. Auf der anderen Seite werden laufend neue elastische Druckmittel zur Blechumformung entwickelt und verwendet, so daß eine Untersuchung sich lohnt, um zu wissen, wo die Grenzen der Anwendung jener Verfahren tatsächlich liegen.

Der technische Gummi wurde durch die Anwendung der Mastikation unter Beigabe von Schwefel von dem Deutschen LÜDERSDORFF 1832, von dem Amerikaner GOODYEAR 1838 und von dem Engländer HANCOCK 1843, angeblich unabhängig voneinander, entwickelt.

Es überrascht, daß sich die Wissenschaft sehr viel früher – bereits etwa 100 Jahre vorher – mit der Frage der Bestimmung des deformation-mechanischen Verhaltens hochelastischer Stoffe befaßt hat. Dabei stellte es sich heraus, daß die elastisch-viskosen Stoffe im Gegensatz zu den Metallen in sehr viel stärkerem Maße von der Gestalt des Versuchskörpers abhängig sind [1]. Daher kamen die Forscher zu unterschiedlichen Gesetzmäßigkeiten, und man bezeichnet die Gestalt der einzelnen Versuchskörper nach dem betreffenden Forscher; so kennt man einen Hookeschen Körper, einen Newtonschen Körper, einen Binham-Körper, einen Kelvin-Körper, einen Maxwell-Körper und andere. An rheologischen Forschungsarbeiten hat es nicht gefehlt. Man hat auch versucht, das Umformverhalten derartiger Gummikörper in verhältnismäßig einfache Gleichungen zu fassen, ähnlich dem Hookeschen Gesetz, wobei allerdings gemäß der de Waele-Ostwaldschen Interpolationsformel der jeweilig verwendeten Substanz entsprechend verschiedene Beiwerte und Exponentialwerte beizufügen sind [2]. Bei dem Charakter dieser Werkstoffe ist zu berücksichtigen, daß hier je nach der jeweiligen chemischen Beschaffenheit ein ganz verschiedenartiges Verhalten eintritt. Dies zeigt beispielsweise außerordentlich deutlich die unregelmäßige Verteilung der Täler und Gebirge in den dreidimensionalen Diagrammen für die dynamische Dämpfung und die dynamische Federkonstante verschiedener Gummisorten, wie sie von ECKER [3] festgestellt wurden, und zwar in Abhängigkeit von Dehnung und Temperatur. Da sich das elastische Kissen bei der Blechumformung erwärmt, sind die Ergebnisse dieser Arbeiten zu beachten. So zeigt beispielsweise Naturkautschuk bei geringer Dehnung eine höhere dynamische Dämpfung als bei hoher Dehnung, während dies bei Vulcollan im Bereich von etwa 40 bis 120° umgekehrt und bei Silopren schon von den Minustemperaturen an umgekehrt ist.

Ähnlich liegen die Verhältnisse bei der Federkonstante. Hier zeigen Naturkautschuk und Vulcollan im Bereich bis etwa Zimmertemperatur ähnliches Verhalten, während die Verhältnisse bei höheren Temperaturen umgekehrt liegen, d. h. mit zunehmender Dehnung nimmt bei Naturkautschuk die Federkonstante zu, während diese bei Vulcollan abnimmt. Bei Silopren ist durchweg mit einer Zunahme der Federkonstante mit der Dehnung und bei Abnahme der Temperatur zu rechnen. Man ersieht daraus – vor allem im Hinblick auf den unterschiedlichen Einfluß der Dehnung – wie wichtig die richtige Wahl des betreffenden elastischen Stoffes ist; eine Umformung, die beispielsweise unter einem Naturkautschuk-Kissen gelang, muß bei der Anwendung eines anderen elastischen Stoffes durchaus nicht ebensogut gelingen. Dieses außerordentlich unterschiedliche Verhalten schränkt daher den Wert von Modellversuchen, wie sie auch hier im folgenden geschildert werden, stark ein. Auch darf man den Wert spannungsoptischer Untersuchungen [4] nicht überschätzen, obwohl diese durchaus einen Einblick in die Spannungsfelder gewähren und insbesondere bei der Verwendung harter Gummisorten brauchbare Hinweise geben.

Daß verschiedene Gummisorten für die oben genannten Kennwerte ganz unterschiedliche Charakteristiken zeigen, gilt auch für andere in diesem Zusammenhang wesentliche physikalische Eigenschaften, wie z. B die Reibung. Es liegt nahe, daß man beispielsweise beim Ziehen von Rechteckkappen nach dem Hydroform-, Marform- oder Hidraw-Verfahren geneigt ist, die Blechauflageoberfläche des Außenringes, der den Innenstempel mit dem Werkzeug umgibt, besonders sorgfältig zu glätten und polieren, da man auch bei der Werkzeuganfertigung im üblichen Ziehprozeß so vorgeht, um das Gleiten des Bleches über die Ziehkanten zu erleichtern. Aber gerade bei glatter Oberfläche ist der Reibungskoeffizient für Gummi größer als auf rauher, was von verschiedener Seite festgestellt wurde [5]. Auch hier weiß man nicht, ob dies für alle hochelastischen Werkstoffe gilt. Bei den zahlreichen Veröffentlichungen über den Reibungskoeffizienten handelt es sich allerdings meist um Arbeiten, die im Hinblick auf die Reifenerzeugung und Reifenabnutzung entstanden; immerhin ist dort einiges erwähnt, was für die Gummiumformung nicht unwesentlich ist. So ist der Einfluß von Wasser schon infolge der Verdrängung außerordentlich gering. In welchem Umfange Seifenwasser oder Talkumpulver reibungsvermindernd wirken, wurde bisher nicht untersucht. Ein Vorteil wäre durch Beigabe von Graphit oder Molybdändisulfid (MoS$_2$) zu erwarten.

8

# 2. Die Härte der elastischen Druckmittel

Der einzige physikalische Wert, der den Blechverarbeiter bei der Auswahl seines hochelastischen Werkstoffes im allgemeinen interessiert, ist die Shore-Härte, die auch in Durometergraden bezeichnet wird [6]. Im Gegensatz hierzu wurde vom DVM die Gummiweichheitszahl vorgeschlagen, die sich allerdings in der Gummiindustrie kaum durchgesetzt hat. Der höchsten Shore-Härte von 100 entspricht die Gummiweichheitszahl 0, und einer Shore-Härte von 35 die Gummiweichheitszahl 100. Gemessen wird zur Bestimmung der Shore-Härte die Eindrucktiefe einer unter Druck aufgesetzten Kugel. Nach DIN 3503 wird die DVM-Eindrucktiefe in hundertstel Millimeter gemessen durch Eindruck einer Kugel von 10 mm Dmr. in 6 mm dickes Material unter einer Vorlast von 50 g bei einer Zusatzlast von 1000 g und einer Prüfdauer von 10 sec [7]. Eine Shore-Härte von 30 bis 40° kann nur für sehr weiche Bleche mit $\sigma_B = 10$ kp/mm² angewandt werden. Der hier in Betracht kommende Härtebereich zieht sich bis 80° Shore nach oben hin, wobei für gleichzeitiges Schneiden und Umformen eine Härte von etwa 70° Shore angemessen sein dürfte. Je scharfkantiger die Umformung und je stärker und härter das umzuformende Blech ist, eine um so größere Härte muß der zur Umformung verwendete elastische Werkstoff haben. Mittelharte Bleche, worunter ein Wert von $\sigma_b$ bis zu 40 kp/mm² verstanden wird, können äußerstenfalls bis zu 1,5 mm Dicke verarbeitet werden; das ist aber schon die äußerste Grenze und setzt erhebliche Drücke voraus. Härtere Bleche sollten nach diesem Verfahren selbst in geringeren Dicken nicht verarbeitet werden.
Der Druck ist so hoch, daß daran sehr oft die Durchführung des Verfahrens scheitert, zumal in vielen Betrieben Maschinen der erforderlichen Stößelkraft fehlen. Sowohl beim Gummiumformen wie beim Gummischneiden beschränkt der Aufwand der Kraft sich keineswegs auf den Bereich der Kanten, an denen geschnitten oder umgeformt wird, sondern auch die übrige Arbeitsfläche des Kissens muß unter dem gleichen Druck stehen wie die der Umformung unterworfenen Stellen. Daher ist es ziemlich gleichgültig, wie lang die Schnitt- oder Umformkante und wie groß das Werkstück ist. Eine Kraftbedarfsrechnung zum Ausschneiden einer bestimmten Platine unter normalen Schnittwerkzeugen läßt sich daher beim Gummischnittverfahren überhaupt nicht anwenden. Das gleiche gilt hinsichtlich der Umformung; auch dort müssen an den Stellen, wo keinerlei Umformung geschieht, dieselben Kräfte wirksam werden. Kriterium ist daher in erster Linie die Fläche des Werkzeuges einschließlich des Tisches, gegen die das Preßkissen drückt, und nicht etwa nur die Werkzeugfläche. Freilich wird man hierbei eine Formgebung begrüßen, die ein gleichmäßiges Anschmiegen des Werkstoffes an das Werkzeug unterstützt. Der Konstrukteur von Blechteilen wird daher beim Gummi-Umformverfahren in besonderem Maße scharfe Kanten und

eng ausgeführte Aus- und Einbuchtungen vermeiden müssen. Für weiche Aluminiumbleche unter 1 mm Dicke und einer Festigkeit $\sigma_B$ von 8 bis 12 kp/mm² genügen bei nicht allzu schroffen Umformungen Drücke von 100 bis 150 kp/cm². Dies ist jedoch die untere Grenze. Schon bei dickeren Blechen, auszuprägenden Kanten und bei größerer Festigkeit wird man höher gehen müssen. Als Anhalt sowohl für die Härte des Kissens als auch für den aufzuwendenden Druck gilt für die Shore-Härte $H$ folgender Richtwert innerhalb des praktisch vorkommenden Härtebereichs von 30 bis 80° Shore bei einer Blechdicke $s$ in mm und der Bruchfestigkeit des Bleches $\sigma_B$ in kp/mm²:

$$H = 1{,}5 \cdot s \cdot \sigma_B \tag{1}$$

Weichere elastische Stoffe als 30° Shore und härtere als 80° Shore sind nicht zu verwenden. Im allgemeinen gelten für die Auswahl der geeigneten Gummisorten die Shore-Härtegrade der Tab. 1:

*Tab. 1*

| | Art der Arbeit | Shore-Härte |
|---|---|---|
| | Ziehen und Umformen: | |
| 1 | weiche Bleche ($\sigma_B < 15$ kp/mm²)<br>bis 0,5 mm Dicke | 30–40° |
| 2 | bis 0,8 mm Dicke | 40–50° |
| 3 | bis 1,2 mm Dicke sowie mittelharte Bleche<br>($\sigma_B < 35$ kp/mm²)<br>bis 0,5 mm Dicke | 50–60° |
| | Einfache Biegearbeiten: | |
| 4 | weiche Bleche bis 1,5 mm und mittelharte Bleche bis<br>1 mm | 65° |
| | Schneiden: | |
| 5 | weiche Bleche bis 1,5 mm | 70° |
| 6 | mittelharte Bleche bis 0,8 mm | 80° |
| 7 | Gleichzeitiges Schneiden und Umformen weicher<br>Bleche bis 1,5 mm und mittelharter bis 0,8 mm | 65–70° |

Die vorstehenden Werte dienen als Anhalt. Abweichungen hiervon hängen von der Größe, vom Umformgrad sowie von der Form und dem Werkstoff des Werkstückes ab.

Gummisorten gleicher Shore-Härte haben auf Grund ihrer Zusammensetzung verschiedene Zerreiß- und Weiterreißfestigkeiten. Ebenfalls schwanken die Abriebzahlen. Unter Weiterreißfestigkeit versteht man den Widerstand eines Zerreißstabes nach erfolgtem Einschnitt quer zur Zugrichtung; sie wird in kp/cm angegeben. Die Abriebzahl zeigt den Gewichtsverlust eines unter einer Schmirgelwalze verschleißenden Gummikörpers an. So kann beispielsweise Gummi mit einer Shore-Härte von 55° eine Zerreißfestigkeit zwischen 70 und 200 kp/cm² haben. Ebensowenig lassen sich die Dehnungswerte zur Festigkeit in eine feste Beziehung bringen.

Will man wissen, bis zu welcher Blechdicke sich ein Blech eines bekannten $\sigma_B$-Wertes noch umformen läßt, so kann man sie nach Wahl des Shore-Härtewertes aus Tab. 1 auf Grund der Gl. (1) näherungsweise ermitteln.

# 3. Die Umformkraft mittels Gummikissen

Nach dem bisherigen Stand der Technik gilt für die Stößelkraft $P$ einer Presse:

$$P = P_U + P_G \quad \text{oder} \quad P = P_S + P_G \quad \text{oder} \quad P = P_U + P_S + P_G \tag{2}$$

Hierin bedeuten $P_u$ die für die Blechumformung und $P_s$ die für das Schneiden erforderliche Kraft, so daß hier zuweilen $P_u = P_s$ gilt. Diese Werte sind bekannter als die im Gummikissen wirksame Kraft $P_G$. Für $P_s$ und $P_u$ gelten

$$P_s = L \cdot s \cdot \tau_B \tag{3}$$

$$P_u = c \cdot s \cdot \sigma_B \cdot \sqrt{F_b} \tag{4}$$

Hierin bedeuten $s$ die Blechdicke, $L$ die Gesamtlänge der Schnittlinien in mm, $F_b$ die umzuformende Blechfläche in mm², $\tau_B$ und $\sigma_B$ die Scher- und Bruchfestigkeit des Bleches in kp/mm² und $c$ einen Beiwert, der je nach der Dehnungsbeanspruchung zwischen 0,5 und 2,0 liegt und aus Gründen der Sicherheit mit bis zu 3,0 in das Rechenwerk eingesetzt werden kann.

Bezeichnet man die Kissenhöhe mit $h_1$ und die Werkzeughöhe mit $h_2$ in mm – so daß das Kissen an den am stärksten beanspruchten Stellen von $h_1$ auf $h_1 - h_2$ verkürzt wird –, die wirksame Gummikissenfläche mit $F_G$ in cm² und den Kissen-Elastizitätsmodul, der für Gummi kein echter Werkstoffkennwert ist, mit $E_G$ in kp/cm², so gilt

$$P_G = \frac{(h_1 - h_2)\, F_G \cdot E_G}{h_1} \tag{5}$$

Das Verhältnis der belasteten Fläche des Gummikissens am Boden und innerhalb der Zarge des Gummikoffers zur unbelasteten Arbeitsfläche des Kissens wird durch den Formfaktor $k$ zum Ausdruck gebracht. Nach GÖBEL läßt sich $E_G$ mittels dieses Formfaktors und der Shore-Härte $H$ näherungsweise für den Bereich $k \geqq 1$ bei zylindrischen Gummifedern zwischen parallelen Platten nach folgender Gleichung ermitteln:

$$E_G = a(k - b) \cdot H^n \tag{6}$$

Diese empirische Gleichung mit $a = 0,055$, $b = 0,5$ und $n = 2$ ergibt sich aus einem Diagramm nach GÖBEL [8], das die Abhängigkeit des Elastizitätsmoduls von der Shore-Härte $H$ und vom Formfaktor $k$ nachweist. Diese Verhältnisse lassen sich aber nur für den Beginn des Schneid- oder Umformvorganges anwenden. Sobald das Kissen allseitig gepreßt wird, wächst der Formfaktor $k$ entsprechend. Daher wird der Beiwert $a$ bei Anwendung der Gl. (6) für Gummikissen wahrscheinlich größer werden. Auch über die Werte $b$ und $n$ wird erst nach Ver-

suchen etwas Näheres gesagt werden können. Der Flächendruck vom Gummikissen wird zwischen 100 und 800 kp/cm² angegeben, je nachdem ob es sich um
ein dünnes und weiches Blech oder um ein dickes Blech höherer Festigkeit
handelt, wobei die Grenzen mit $s \leq 1{,}5$ mm für weiche Bleche ($\sigma_B < 15$ kp/mm²)
und mit $s \leq 0{,}8$ mm ($\sigma_B < 35$ kp/mm²) im allgemeinen abgesteckt und durch
Gl. (1) gegeben sind.

# 4. Die Umformverfahren mittels elastischer Druckmittel

Wie die Zusammenstellung [9] von sechs bekannten Verfahren nach Tab. 2 zeigt, arbeiten dieselben teils mit Gummikissen (I–IV), teils mit unter Flüssigkeitsdruck stehender Membran (V, VI). Bei den ersten ist die Bemessung der mehrschichtigen Kissenhöhe besonders zu beachten. Die einzelnen Schichtlagen solcher Kissen sind meist 25–30 mm dick. Nach der Abnutzung der untersten Schicht wird diese abgenommen, gewendet oder gegen eine andere ausgetauscht. Die Kissen werden im Koffer in verschiedener Weise befestigt, Nach Tab. 2-I wird die oberste Deckschicht mit Schrauben ähnlich der Form von Ventiltellern oben gehalten. Bei II steht das Gummikissen um $a = 10$ mm zurück. Mittels einer schräg anzustellenden Ausdrückleiste $b$ wird es durch bei $c$ eingesetzte Schrauben nach innen und abwärts herausgedrückt. Weiterhin ist eine Drahtseilbefestigung der oberen Schichten nach $d$ oder eine Einklemmung des Gummikissens mit schwalbenschwanzartiger Ausarbeitung des Kissenbodens bekannt. Für das Einziehen solcher Drahtseile und das Einsetzen von Befestigungsschrauben mit pilzförmigen, am Rande stark abgerundeten Köpfen sind in den Gummidecken mittels Gummibohrern Löcher auszuschneiden. Eine Schwierigkeit beim Durchbohren besteht insbesondere beim Ansetzen des Bohrers im Bestreben des Gummis, nach außen elastisch auszuweichen; dem kann man dadurch begegnen, daß die Gummiplatten an den zu durchbohrenden Stellen zwischen zwei dünne Blechplatten gepreßt und mit diesen zusammen durchbohrt werden. Von den verschiedenen Bohrerarten haben sich am besten schachwandige Kronenbohrer bewährt, die ein unmittelbares Aufsetzen auf den Gummi ohne Auflage von Blechen gestatten.

Die Gesamtdicke des Kissens in mm beträgt etwa $50 \cdot \sqrt{h}$, wobei unter $h$ die größte Tiefe der Umformung in mm verstanden wird. Die Kissendicke soll mindestens 8 h betragen. Bei $50 \cdot \sqrt{h}$ handelt es sich hierbei durchaus nicht um Mindestwerte; mancher Mißerfolg wurde durch zu dicke Kissen herbeigeführt. Besteller einzelner Werkzeugmaschinen neigen oft dazu, sie vorsichtshalber recht groß zu wählen für den Fall, daß später einmal große Teile darauf bearbeitet werden. Tritt das nicht oder nur sehr selten ein, so wiegen überflüssige Anlagekosten nebst Zinsverlust, Verschwendung von Kraftbedarf bzw. Strom, größerem Platzbedarf und höheren Pflege- und Wartekosten jenen Vorteil nicht auf. Noch schärfer wirkt sich die Wahl einer zu großen Maschine für das Gummiumformen und -schneiden aus.

Wie oben beschrieben, werden beim Gummikissen alle Teile der vom Gummidruck betroffenen Fläche unabhängig von der Länge der Schnittkante gleichmäßig stark beansprucht. Es ist auch wesentlich, ob der Lochdurchmesser bzw. das Durchbruchmaß für den Gummischnitt groß oder klein ist. Im Gegensatz

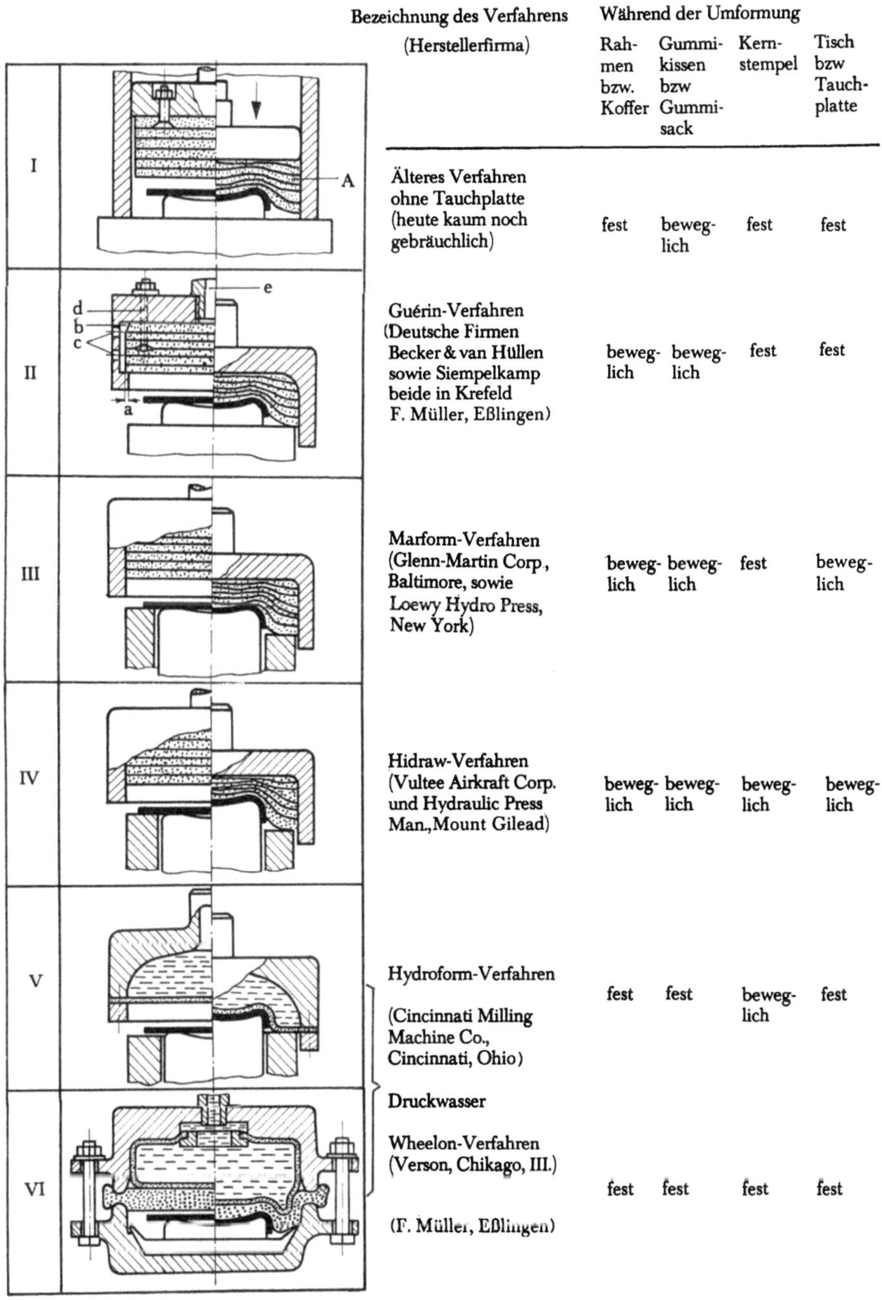



| | Bezeichnung des Verfahrens (Herstellerfirma) | Während der Umformung | | | |
|---|---|---|---|---|---|
| | | Rahmen bzw. Koffer | Gummikissen bzw Gummisack | Kernstempel | Tisch bzw Tauchplatte |
| I | Älteres Verfahren ohne Tauchplatte (heute kaum noch gebräuchlich) | fest | beweglich | fest | fest |
| II | Guérin-Verfahren (Deutsche Firmen Becker & van Hüllen sowie Siempelkamp beide in Krefeld F. Müller, Eßlingen) | beweglich | beweglich | fest | fest |
| III | Marform-Verfahren (Glenn-Martin Corp, Baltimore, sowie Loewy Hydro Press, New York) | beweglich | beweglich | fest | beweglich |
| IV | Hidraw-Verfahren (Vultee Airkraft Corp. und Hydraulic Press Man., Mount Gilead) | beweglich | beweglich | beweglich | beweglich |
| V | Hydroform-Verfahren (Cincinnati Milling Machine Co., Cincinnati, Ohio) Druckwasser | fest | fest | beweglich | fest |
| VI | Wheelon-Verfahren (Verson, Chikago, Ill.) (F. Müller, Eßlingen) | fest | fest | fest | fest |

*Tab. 2   Gummiumformverfahren*
(OEHLER und KAISER, Schnitt-, Stanz- und Ziehwerkzeuge, 4. Aufl. 1962, S. 491)

15

zum Normalschnitt lassen sich kleine Löcher sehr viel schwerer und nur mit sehr viel höherer Kraft unter Gummikissen schneiden als größere, wobei unter kleinen Löchern keinesfalls Werte von $d/s \leq 1$, sondern wie beispielsweise für 1 mm dicke Aluminiumbleche solche von $d/s \leq 30$ nach dem Gauvry-Diagramm [9] verstanden werden. Der Kraftbedarf einer Presse richtet sich sowohl nach Dicke und Festigkeit des zu schneidenden oder umzuformenden Werkstoffes nach Gl. (3) und (4), andererseits aber auch nach dem Formfaktor $k$, der Kissenfläche $F_G$, der Kissenhärte $H$, der Kissendicke $h_1$ und der Umformhöhe $h_2$ gemäß Gl. (5) und (6).

Das Verfahren zu I in Tab. 2 wird heute nicht mehr angewandt, da bei A Verquetschungen der Gummikissenecken zwischen niedergehender Stößelplatte und Kissenrahmen eintreten. Daher werden bei dem von GUÉRIN entwickelten Verfahren II Rahmen und Bodenplatte zu einem gemeinsamen Körper, dem sogenannten Koffer, zusammengefaßt. Das meist aus mehreren Plattenschichten zusammengesetzte elastische Kissen wird auf verschiedene Weise befestigt. Entweder werden die oberen Schichten mittels durchgezogener Drahtseile und Schraubverankerungen gehalten, wie hier zu $d$ gezeichnet, und die untere Schicht wird aufgekittet. Darüber hinaus dient das Überstandsmaß $a$ zum Halten des Kissens. Zum Herausdrücken des Gummikissens wird Preßluft durch den Ausblasstutzen $e$ eingeblasen. Außerdem werden an den Stellen c keilförmige Druckleisten b mittels Einschraubbolzen von außen einwärts gepreßt. Der als Tauchplatte bezeichnete Tisch wird vom Kofferrand umfaßt.

Die Verfahren III–V sind einander insofern ähnlich, als hier das Werkzeug nicht auf einem Tisch aufgesetzt wird, sondern auf einem Mittelstempel ruht, der von einem Blechauflagering konzentrisch umgeben ist. Beim Marform-Verfahren III steht das Werkzeug fest, während der äußere Ringstempel durch das von oben vordringende Gummikissen nach unten nachgibt [10]. Im Gegensatz hierzu ist beim Hydroform-Verfahren, in dem man an Stelle eines festen Gummikissens eine unter Flüssigkeitsdruck stehende Membran verwendet, der äußere Blechauflagering fest, während der Mittelstempel mit dem Werkzeug nach oben gegen die Membran vorstößt [11]. Eine Zwischenlösung ist das Hidraw-Verfahren [12], wo sich der Mittelstempel mit dem Werkzeug nach oben, der Außenring für die Blechauflage nach unten bewegt. Das zuletzt angegebene Wheelon-Verfahren VI ist in seinem Aufbau dadurch grundverschieden, als der Tisch mit dem Werkzeug und dem darüber gelegten Blech seitlich unter eine starke Druckmembran geschoben wird, die von der anderen Seite aus durch einen hydraulisch aufgeblähten Gummisack die Umformung vollzieht.

Insbesondere die Verfahren III–V bedingen teure Anlagen, so daß sich die Frage ergibt, inwieweit es nicht doch möglich sein sollte, mit billigeren, auf üblichen Pressen anzubringenden Vorrichtungen auszukommen. Dies ist besonders für mittlere Betriebe wesentlich, die nur gelegentlich mit Gummiwerkzeugen arbeiten und sich mit vorhandenen Pressen behelfen müssen.

Zunächst einmal ist davon auszugehen, daß die Kissenfläche bzw. Tauchplattenoberfläche nicht zu groß gehalten werden darf, da sonst der erforderliche spezifische Druck von 200 kp/cm² für weiche Bleche bis zu 1 mm Dicke nicht erreicht wird. Größere Blechdicken sollte man auf derart provisorische Vorrichtungen nicht verarbeiten. Aus der verfügbaren Pressenstößelkraft, geteilt durch den Kissendruck von 200 kp/cm², ergibt sich demnach die nutzbare Fläche. Dabei ist es gleichgültig, ob nach den Verfahren I–IV zu Tab. 2 eine feste Gummischicht oder nach V und VI ein Flüssigkeitspolster als elastisches Druckmittel zur Gummiumformung dient. In Tab. 2 ist das Hidraw-Werkzeug mit Gummikissen, in Abb. 1 mit Flüssigkeitspolster dargestellt. Für die Anwendung des Hydroformverfahrens auf üblichen Pressen hatte das Institut von Prof. Dr.-Ing. SIEBEL bereits vor 10–15 Jahren beachtenswerte Entwicklungsarbeiten geleistet [11].

Eine dem Marform-Verfahren [10] ähnliche Vorrichtung [13] wurde vor einigen Jahren in den USA mit Erfolg ausprobiert. Weiterhin wurde von der SAAB in Linköping das sogenannte Fluidform-Verfahren entwickelt. Es besteht somit kein Mangel an Vorschlägen zur Anwendung der Verfahren unter gewöhnlichen Pressen, wofür in erster Linie hydraulische Pressen, an zweiter Stelle schwere Reibspindelpressen in Betracht kommen.

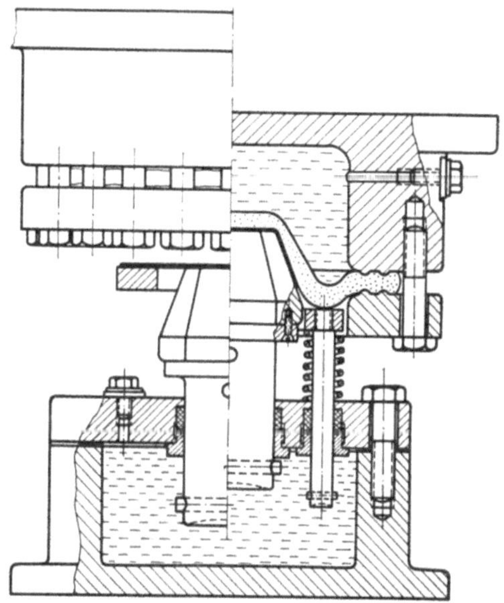

Abb. 1  1 Hidraw-Werkzeug zum Ziehen achteckiger Dosen
(OEHLER und KAISER, Schnitt-, Stanz- und Ziehwerkzeuge,
5. Aufl. 1966, S. 506, Abb. 517)

# 5. Gestaltung des Druckmittelraumes

Für die hydraulischen Druckmittel ist es von untergeordneter Bedeutung, ob nach Abb. 1 und Tab. 2 unten der Flüssigkeitsraum als Halbkugel oder als Zylinder oder als rechteckiger Raum ausgebildet ist. Dagegen ist dies für den Kofferraum bei Gummikissen erheblich wichtiger.

Die mehrschichtige Ausführung spricht unter dem Gesichtspunkt der Herstellung für den rechteckigen, allenfalls noch für den zylindrischen Raum, jedoch gegen die Halbkugel. Andererseits bietet sie statisch betrachtet im Hinblick auf die strahlenförmig verlaufenden Normalkräfte von der Werkzeugmitte aus Vorteile. Ebenso ist der Kraftaufwand geringer infolge des Verhältnisses der umschlossenen zur freien Druckfläche, wie es durch den Formfaktor $k$ bei der Bestimmung des Elastizitätsmoduls $E_G$ gemäß Gl. (5) und (6) zum Ausdruck kommt. Die Füllung leerer Koffer durch Ausguß mittels elastischer Druckmittel ist praktisch möglich, so daß das Halbkugelkissen gegenüber rechteckigen oder zylindrischen Kissen nicht teurer ist; auch ist der Materialaufwand an elastischen Stoffen beim Halbkugelkissen geringer. Zum Ausguß mit Naturkautschuk innerhalb eines engen Temperaturbereiches unter Druck wird der Koffer dem Gummiwerk übersandt. Am ebenen Kissenboden werden die mittleren Kissenpartien während des Drückvorganges gegen den äußeren Rand gedrückt, wodurch elastische Formänderungsarbeit geleistet wird, die sich in einem erhöhten Kraftbedarf auswirkt. Diese fällt *bei der Halbkugelform* fort. Alles dies spricht für eine halbkugelförmige Gestaltung des elastischen Kissens, die in Abb. 2 und 3 jeweils rechts dargestellt ist.

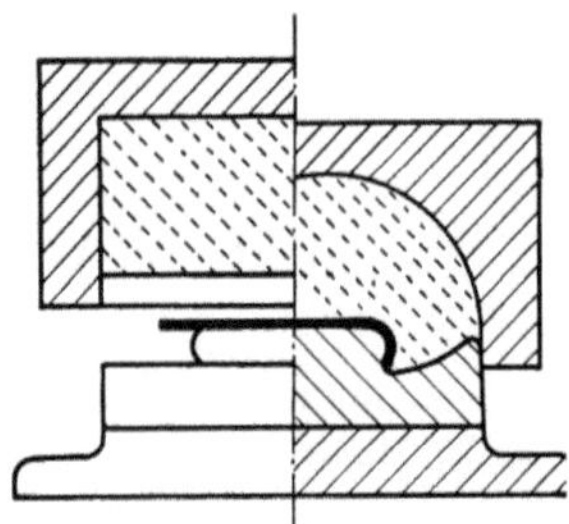 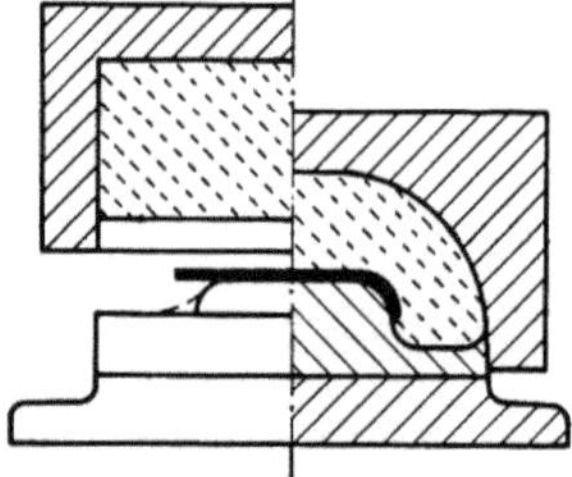

Abb. 2 und 3    Gummikissenwerkzeuge

Für das Unterwerkzeug sind allgemein ebene Tische bzw. Blechhalteringflächen üblich, was für eine universelle Verwendung durchaus einleuchtet; das Gummikissen vermag sich an diese meist waagerechte Ebene und an die zur Umformung notwendige Werkzeugoberfläche anzuschmiegen. Immerhin ergibt sich beim Ent-

wurf kleinerer Sonderwerkzeuge die Frage, ob man auf Grund der Erfahrung in der Gestaltung des Blechhalters im Karosseriebau zur besseren Anschmiegung des elastischen Druckmittels an die Werkzeugform mit dem darüber gelegten Blech von dieser ebenen Ausführung abgehen solle. Dies würde für die Verfahren I, II und IV nach Tab. 2 bedeuten, daß das Kernwerkzeug gemäß Abb. 2 und 3 links nicht mehr auf eine ebene Tischplatte, sondern nach Abb. 2 und 3 rechts bis zum Tischrand reichend auf eine Unterplatte aufgesetzt wird. Das Werkzeug wird dann größer und teurer. Ebenso müßten die Blechhalterringe der Verfahren zu III, IV und V, die den Stempelstößel konzentrisch umschließen, zusätzlich mit einem Aufsatzring von entsprechend geformter Druckfläche ausgerüstet werden. Dieser vorausbestimmbaren Erhöhung der Werkzeugkosten steht als Vorteil die bessere Anschmiegbarkeit des Kissens gegenüber, die im übrigen auch durch andere, aber nicht billige Vorrichtungen bei wesentlich umständlicherer Handhabung erreicht wird [14]. Damit ist ein geringerer Kraftaufwand und eine längere Lebensdauer des Kissens verbunden, was für alle Verfahren mit elastischen Druckmitteln von ausschlaggebender wirtschaftlicher Bedeutung ist.
Die in Abb. 2 und 3 dargestellten Umformvorgänge lassen sich gemäß Abb. 4 durch einen Versuch am Holzmodell sowohl für den halbkugelförmigen als auch für den rechteckigen oder zylindrischen Kissenraum hinter einer Glasscheibe beobachten, wobei es sich allerdings nur um zweidimensionale Vorgänge in einer Ebene – Biegen und nicht Ziehen – handelt. Immerhin besteht eine große Wahrscheinlichkeit dafür, die oben genannten Vorteile der hier neu vorgeschlagenen Anordnung durch Versuche mit den praktisch in Frage kommenden Werkstoffen zu belegen.

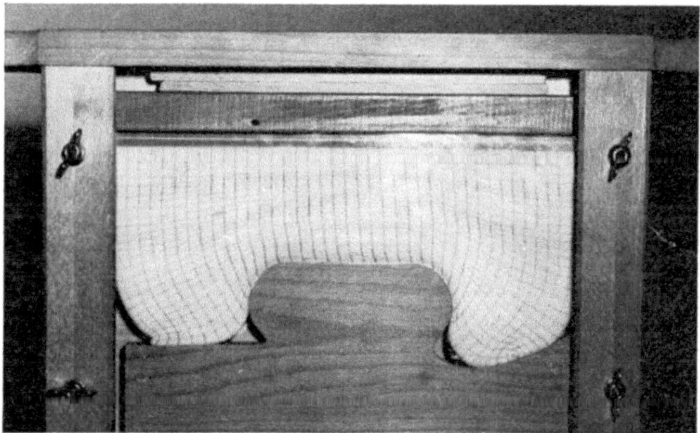

Abb. 4   Beobachtung der Kissenverformung an einer Isoprenplatte hinter Glas

# 6. Versuche zur Herstellung einfacher runder Napfformen mit ebenem oder gewölbtem Boden ohne Flansch

Um den Einfluß der Werkzeugkantenrundung, der Kissenhöhe, der Gummisorte und der Eindringtiefe in den elastischen Werkstoff auf die erreichbare Umformung kennenzulernen, sollten zunächst einfache runde zylindrische Ziehformen mit verschieden hohen zylindrischen Ziehkissen hergestellt werden. Denn das wichtigste Ziel dieser Untersuchung besteht darin, den Bereich abzugrenzen, innerhalb dessen mittels elastischer Werkzeuge überhaupt gezogen werden kann. Als Versuchswerkzeug für diese Modellversuche diente die in Abb. 5 gezeigte Einrichtung. Das Oberteil besteht aus einer kräftigen Aufspannplatte 1, die mit der Oberplatte 2 des Kissens verschraubt und verstiftet ist. Das Gummikissen 3 wird von einem Ring 4 umgeben und unten von einem weiteren Ring 5 gehalten. Die

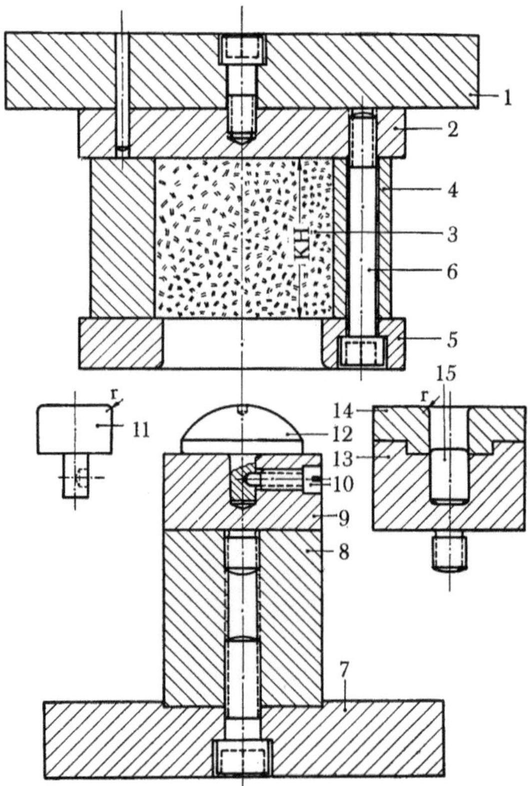


Abb. 5   Werkzeug für die Untersuchungen an kleinen Gummikissen

20

Ringe 4 und 5 werden mittels durchgehender Schrauben 6 mit der Oberplatte 2 verbunden. Die Kissen 3 und die Zwischenringe 4 sind verschieden hoch, so daß bei verschieden hohen Kissen außer den entsprechend hohen Ringen auch Schrauben 6 von entsprechender Länge verwendet werden müssen. Während im Oberwerkzeug Kissen von verschiedener Höhe (KH) und verschiedener Werkstoffart eingesetzt werden, gestattet das Unterteil den Austausch verschiedener Werkzeugeinsätze. Zu diesem Zweck ist auf die Grundplatte 7 ein Sockel 8 aufgeschraubt. Die gleiche Gewindebohrung dient zur Aufnahme des Zapfens der Aufsatzstücke 9 oder 13. Das Aufsatzstück 9 enthält eine Spannschraube 10, mittels welcher Werkzeugeinsätze 11 oder 12 festgehalten werden.

Der links dargestellte Werkzeugeinsatz 11 diente zu den zu Abb. 6 und 7, der pilzförmige Einsatz 12 zu den zu Abb. 8–10 beschriebenen Versuchen. Für Lochziehversuche wurde das zweite Aufsatzstück 13 verwendet, das oben einen weiteren Aufsatz 14 trägt und das zur Begrenzung seiner Bohrungstiefe Ausfüllstücke 15 verschiedener Höhe umfaßt. Ebenso wie das links gezeichnete Werkzeug 11 gestattet das Aufsatzstück 13 einen Austausch gegen Aufsatzringe 14 mit anderem Rundungshalbmesser $r$.

Die Aufgabe bestand darin, mit Kissen verschiedener Höhe Aluminium-Zuschnitte verschiedener Dicke über den in Abb. 5 links angegebenen Stempel 11 zu Näpfen umzuformen und dabei den Abstand der Zargenhöhe vom Boden bzw. den diesem Abstand entsprechenden noch faltenfreien Rondendurchmesser $D_f$ zu beachten, von wo ab sich die Falten zu bilden beginnen. Es soll aber versucht werden, auf Grund dieses Ergebnisses eine Modellbeziehung abzuleiten, die voraussichtlich auch für Teile größerer Abmessungen gilt. Jene in Abb. 5 links dargestellten Rundstempeleinsätze wiesen eine Höhe von 20 mm und einen Durchmesser von 25 mm auf, jedoch verschiedene Rundungen $r$, die in Anlehnung an die Normzahlreihe R 5 mit einem Rundungshalbmesser von $r = 0$ (= scharfkantig) 2,5; 4,0; 6,3 und 10 mm versehen wurden. Außerdem wurden Blechdicke $s$, Stößelkraft $P$ und Kissenhöhe KH variiert. Die 5 Blechdicken betrugen hierbei 0,25; 0,5; 0,6; 0,8 und 1,0 mm. Gedrückt wurde mit verschiedenen Kräften, und zwar mit 5, mit 10 und mit 23,5 Mp sowie mit verschiedenen Kissenhöhen KH = 25, 40, 60 und 100 mm. Diese und die folgenden beschriebenen Versuche wurden mit der Gummisorte LFC (Continental) durchgeführt. Die Blechproben aus Al 99,5 w der vorstehenden Versuchsreihe hatten einen Durchmesser von 40 mm.

Die Faltenbildung setzte reichlich früh ein. Es wurde eine faltenfreie Zargenhöhe von etwa 2 mm im Durchschnitt beobachtet. Sehr groß ist der Unterschied zwischen den einzelnen Proben nicht, und daher kann auch nicht von einem erheblichen Einfluß der Bodenrundung $r$, der Kissenhöhe KH, der Stößelkraft $P$ und der Blechdicke $s$ die Rede sein. Das hierbei kritische Durchmesserverhältnis $D_f/d$ wird weder von der Kissenhöhe KH noch vom Preßdruck beeinflußt; dabei ist $D_f$ der Durchmesser, wie er den auf die ebene Zuschnittsronde bezogenen Stellen entspricht, wo die Faltenbildung beginnt, während $d$ den Stempeldurchmesser bedeutet. Höchstens zeichnen sich die Falten bei geringerer Kissenhöhe deutlicher ab, was aber in bezug auf den Faltenbeginn nichts zu sagen hat. Hingegen ist ein wenn auch geringer Einfluß der Blechdicke zu bemerken. Je dünner das Blech ist, um so günstiger ist das Ergebnis, d. h. um so größer ist die Zargenhöhe und das Verhältnis $D_f/d$. Den verhältnismäßig größten Einfluß hat zweifellos die Stempelrundung $r$ bzw. das Verhältnis $r/d$.

Abb. 6 zeigt fünf Probenkörper von einer Dicke $s = 0,25$; 0,5; 0,6; 0,8 und 1,0 mm von links nach rechts. Die drei Probenkörper (Abb. 7) sind der Versuchsreihe mit $r = 4,0$ entnommen, die Blechdicke der Teile von links nach rechts beträgt $s = 0,25$, $s = 0,6$ und $s = 1,0$ mm. Beim scharfkantigen Stempel konnten insoweit die günstigsten Werte ermittelt werden. Je größer die Rundung wurde,

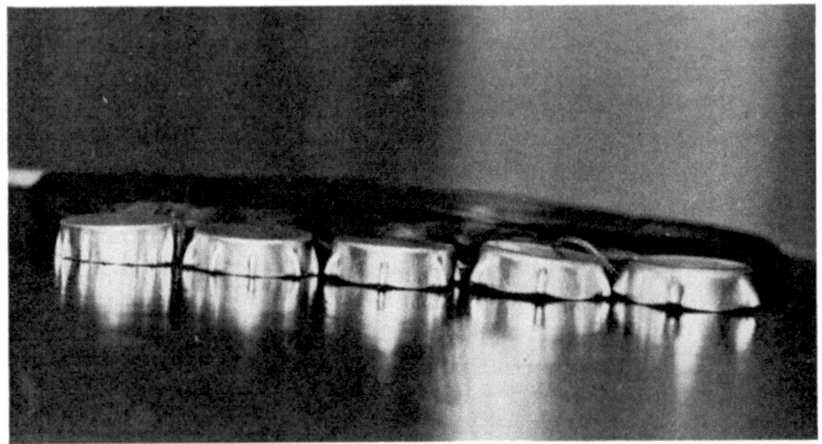

Abb. 6    Von links nach rechts sind fünf Probeteile eines $r = 0$ dargestellt mit $s = 0,25$; 0,5; 0,6; 0,8 und 1,0 mm

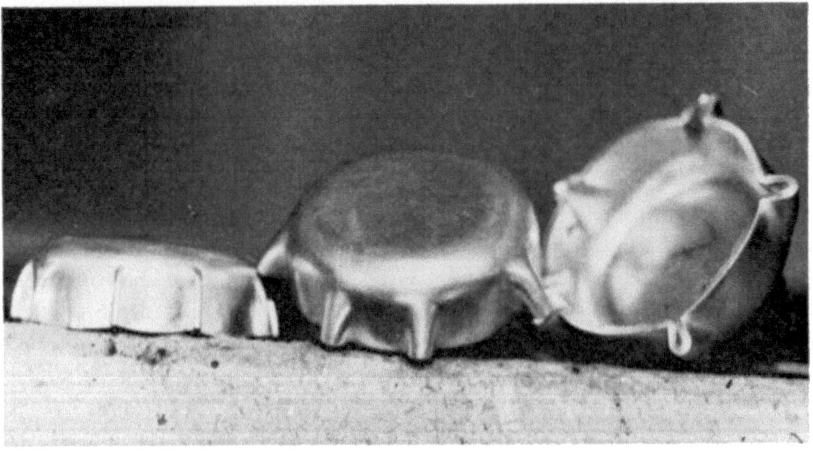

Abb. 7    Drei Probekörper aus der Versuchsreihe $r = 4,0$ mm
links $s = 0,25$, Mitte $s = 0,6$ und rechts $s = 1,0$ mm

um so mehr nahm $D_f$ ab. Bei der größten Rundung mit $r = 10$, wo die Teilform annäherungsweise einer Halbkugel entspricht, wurde $D_f$ sogar kleiner als $d$ und lag zwischen 23 und 24 mm.

Im Hinblick auf die Meßergebnisse erschien eine dreidimensionale graphische Auswertung von $D_f$ bzw. dem kritischen Verhältnis $D_f/d$ über $r$ oder $r/d$ und der Blechdicke $s$ nach Abb. 8 aufschlußreich. Für jeden Versuchspunkt wurden sechs Probekörper verwendet. Der Streubereich lag für $D_f/d$ bei $\pm$ 0,015 und für $D_f$ bei $\pm$ 0,5 mm. Die Charakteristiken lassen sich auf abfallende gerade Linien zurückführen und entsprechen einer Beziehung

$$\frac{D_f}{d} = a - bs - \frac{c \cdot r}{d} \qquad (7)$$

Bei den hier geschilderten Versuchen sind $a$ mit 1,2, $b$ mit 0,1 und $c$ mit 0,5 einzusetzen.

In Abb. 8 ist dieser Beziehung entsprechend eine dreidimensionale Flächencharakteristik angegeben, die besagt, bis zu welcher Zargenhöhe etwa bei den verschiedenen Rundungen und Blechdicken mittels einfacher Gummipreßverfahren gezogen werden kann, ohne daß eine Faltenbildung am Zargenrand zu befürchten ist.

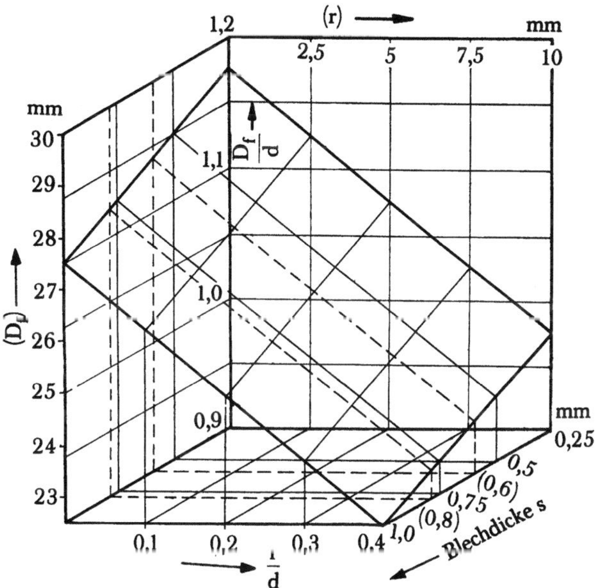

Abb. 8   Ebene Flächencharakteristik der gegenseitigen Beziehungen von $D_f/d$ (oder $D_f$), $r/d$ oder $r$ und $s$

# 7. Auswertung der Versuchsergebnisse für die einfache runde Napfform ohne Flansch in bezug auf Faltenanfälligkeit

Die im vorausgegangenen Abschnitt 6 geschilderten Versuchsergebnisse am zylindrischen Napf ergaben, daß Preßkraft und Kissenhöhe für die Entstehung von Falten offenbar von viel geringerem Einfluß als Blechdicke und Rundung sind. Daher wurden Preßkraft $P$ und Kissenhöhe $KH$ bei den folgenden Versuchen konstant gehalten. Beim zylindrischen Napf trat der Beginn der Faltenbildung, bezogen auf den Durchmesser des faltenfreien Bereiches, an stark abgerundeten Näpfen früher ein als an Näpfen mit scharfer Bodenkante, d. h., der faltenfreie Bereich lag dort innerhalb einer kleineren Kreisfläche als bei scharfkantig gezogenen Teilen. Dieser Umstand erschien einer Erweiterung der Modellversuche auf kugelkappenförmige Schalen wert, ganz abgesehen davon, daß gerade derartige Schalen oder zumindest ähnlich geformte Blechteile häufig unter Gummikissen bzw. elastischen Druckmitteln angefertigt werden. Bei diesen Versuchen wurde wieder die Gummisorte LFC und eine Kissenhöhe von 63 mm verwandt. Die Stempelkraft betrug 15 Mp und genügte völlig zur Umformung. Als Werkzeuge wurden 8 Pilzeinsätze von etwa 60 mm Durchmesser und 15 mm Höhe mit Kugelhalbmessern $r = 20, 25, 32, 40, 63, 100$ und 160 sowie 250 mm verwendet (Abb. 5 Mitte). Eine kleine Vertiefung in der Mitte mit $r = 1{-}2$ mm diente nur zur leichteren Zentrierung der Werkstückproben. Unter diesen Werkzeugen wurden aus Reinaluminiumblech Al 99,5 w ausgeschnittene runde Scheiben mit 60 mm Dmr. und einem kleineren Durchmesser $D = 50$ mm zu Kugelkappen umgeformt, wobei somit der gleiche Werkstoff wie bei den vorausgegangenen Versuchen verwandt wurde. Außer den dort genannten Blechdicken $s = 0{,}25$; 0,5; 0,6 und 1,0 mm wurden darüber hinaus noch vier weitere Blechdicken untersucht, nämlich $s = 1{,}25$; 1,50; 2,0 und 2,5 mm. Für jeden einzelnen Versuch wurden fünf gleichartige Probestücke hergestellt.
Nach dem Versuchsergebnis zeichnete sich die Faltenbildung um so deutlicher ab, je dünner das Blech und je stärker die Krümmung, d. h. je kleiner $r$ war. Abb. 9 und 10 stellen die Dickenstufen für Aluminiumscheiben mit $D = 60$ mm und $r = 32$ mm dar, wobei von links nach rechts in Abb. 9 die Proben mit einer Blechdicke $s = 0{,}25$; 0,50 und 0,60 mm, in Abb. 10 die Teile mit $s = 0{,}8$ und 1,0 mm zu sehen sind. Die letzte Kugelkappe wurde faltenfrei hergestellt.
Die Möglichkeit einer theoretischen Vorausbestimmung für den örtlichen Beginn der Entstehung von Falten scheidet deshalb aus, weil bei einem idealen plattenförmigen Werkstoff von absolut gleicher Dicke und gleicher Festigkeit sowie bei gleichzeitigem Eintreten gleichgroßer Beanspruchungen an allen Stellen des Umfanges an sich keine Ausweichmöglichkeiten des Werkstoffes aus seiner Ebene und somit kein Anlaß zu einer Faltenbildung besteht. Es hat sich jedoch schon immer beim Blechumformen, insbesondere beim Tiefziehvorgang gezeigt, daß

Abb. 9   $s = 0,25$; 0,5 und 0,6 mm

Abb. 10   Grenze zwischen Faltenteil ($s = 0,8$ mm) und faltenlosem Teil ($s = 1,0$ mm)

vor allen Dingen dünne Bleche, die nicht beiderseitig gehalten sind und auch keine einseitige Berührung mit einer Fläche des Werkzeuges aufweisen, Falten bilden. Dies gilt vor allem bei der Verwendung elastischer Druckmittel, wo eine streng formschlüssige Führung des Werkstoffes, die beispielsweise zwischen den Arbeitsflächen von Blechhalter und Ziehring üblicher Ziehwerkzeuge gewährleistet wird, infolge der Ausweichmöglichkeit des elastischen Druckmittels nicht besteht. Will man trotzdem versuchen, irgendwelche Gesetzmäßigkeiten dafür abzuleiten, so läßt sich nur der Weg beschreiten, die Einflüsse zu erfassen, die eine Faltenbildung unterstützen und die sie verhindern, und sie einander gegenüberzustellen. Werden die in Gegenrichtung wirkenden, eine Faltenbildung verhindernden Einflüsse von den unterstützenden Einflüssen abgezogen, so wird – wenn beide Einflüsse gleich groß sind –, ein Grenzwert bestimmt, der Auskunft darüber gibt, bei welcher Formgebung eine Herstellung eines faltenfreien Teiles noch möglich ist. Die in Abb. 11 oben dargestellte kreisrunde Scheibe mit dem Durchmesser $D$ und der Dicke $s$ wird unter Erhaltung dieser Dicke zu einer Kugelkappe umgeformt. Hierbei wird der äußere Durchmesser $D$ auf den kleineren Durchmesser $d$ verkürzt. Es tritt eine am Umfang wirkende Tangentialstauchung ein, deren Größe durch das Verhältnis $(D - d)/d$ gekennzeichnet ist. Dieses Tangentialstauchverhältnis ist somit die erste Einflußgröße zur Unterstützung einer Faltenbildung. Diese Stauchwirkung wird an der äußeren Oberfläche der

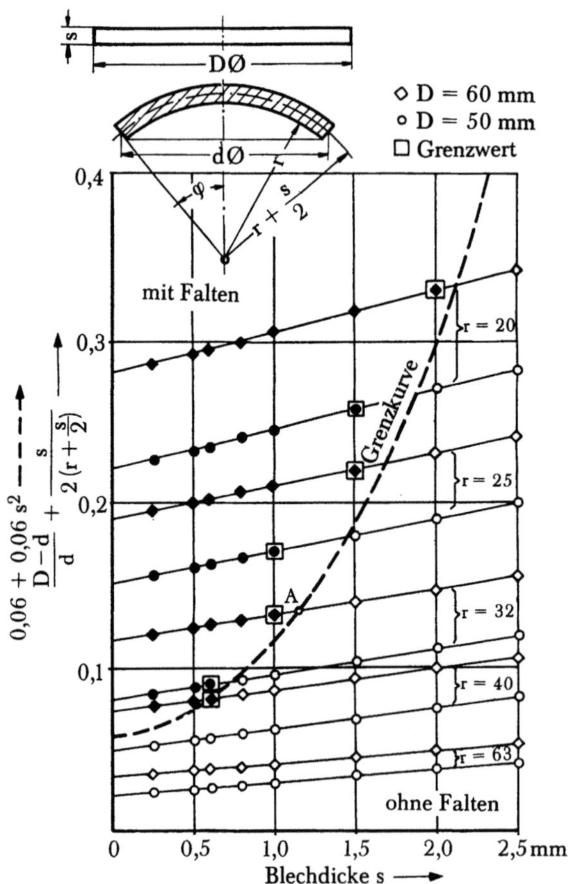


Abb. 11    Bildung einer Grenzkurve für Scheiben aus Aluminiumblech (Al 99 w)

Kugelkappe durch eine überlagerte Zugbeanspruchung vermindert, an deren inneren Oberfläche durch eine überlagerte Druckbeanspruchung zusätzlich erhöht. Diese bewirkt in erster Linie ein Ausklappen des Werkstoffes in Form von Falten am äußeren Rand. Wenn man der Einfachheit halber den Vorgang nur zweidimensional betrachtet, so ergibt sich als Maßstab einer Dehnung oder Stauchung das Verhältnis $s/2\,(r + 0,5\,s)$. Das letzte Glied in der Klammer kann bei verhältnismäßig großem $r$ und kleinem $s$ vernachlässigt werden. In dem Schaubild Abb. 11 sind über der Blechdicke $s$ schräge Geraden eingezeichnet, die für die einzelnen Versuchsreihen berechnet wurden nach der aus beiden Einflußgrößen gebildeten Summe

$$\frac{D - d}{d} + \frac{s}{2\,(r + 0,5\,s)} \tag{8}$$

Da an den Versuchskörpern mit $r = 63$, 100, 160 und 250 mm keine Falten zu bemerken waren, wurde auf die Einzeichnung der Charakteristiken in Gestalt weniger schräg verlaufender Geraden nahe der Abszissenachse für $r = 100$, 160 und 250 mm in Abb. 11 verzichtet. Auf den geneigten Geraden sind die Probenkörper mit $D = 60$ mm durch auf die Spitze gestellte Quadrate und diejenigen mit $D = 50$ mm durch Kreise gekennzeichnet. Diese Quadrate und Kreise sind dort schwarz ausgefüllt, wo eine Faltenbildung eintrat. Der auf einer schrägen Geraden am weitesten rechts gelegene schwarze Punkt ist als Grenzwert außerdem von einem liegenden Quadrat umrahmt.

Alle Proben, die durch Punkte rechts und unterhalb jener Grenzwerte angegeben sind, sind innen ausgespart und bezeichnen faltenfreie Teile. Demnach wird der Bereich der mit Falten versehenen Teile gegenüber den faltenfreien Proben durch eine Grenzkurve abzustecken sein. Eine solche Grenzkurve setzt voraus, daß zu ihrer Aufstellung die Einflüsse maßgebend sind, die einer Faltenverhinderung dienen. Hierzu gehört in erster Linie der Knickwiderstand eines Bleches gegenüber den bereits oben beschriebenen Stauchbeanspruchungen, die durch den Ausdruck (8) erläutert sind. Da die Eulersche Knickformel nur in der Stabtheorie angewendet werden darf, scheidet sie hier aus [15]. Doch sei bedacht, daß jene Knickformel immerhin einen Anhalt für Überlegungen in dieser Richtung bietet, wenn man eine größere Anzahl in tangentialer Richtung zum Umfang verlaufender kleinster rechteckiger Stabelemente von etwa quadratischem Querschnitt entsprechend der Blechdicke unterstellt.

Rein dimensional betrachtet ist das Trägheitsmoment von einer Dimension in mm$^4$ für eine Knickkraft mit maßgebend, das ja sehr wesentlich durch die Blechdicke bestimmt wird. Die Multiplikation mit dem Elastizitätsmodul, der hierbei eine konstante Größe darstellt, verringert den Exponenten von 4 auf 2, so daß hier voraussichtlich ein Ausdruck von der Form $k_1 + k_2 \cdot s^2$ vorliegt. Die Faktoren $k_1$ und $k_2$ werden noch näher erforscht werden müssen. Ihre Größe richtet sich wahrscheinlich nach den physikalischen Eigenschaften des elastischen Kissens, nach seiner Höhe und dem Arbeitsdruck. Außerdem werden in diese Werte auch die Festigungseigenschaften des Bleches und seine Ungleichförmigkeit in bezug

auf Dicke und Härte bzw Festigkeit sowie Dehnung eingehen. Unter Erweiterung
des Ausdruckes (8) entsteht eine Gleichung von folgender Gestalt:

$$\frac{D-d}{d} + \frac{s}{2\,(r_i + 0,5\,s)} \geqq k_1 + k_2 \cdot s^2 \tag{9}$$

Für die geometrische Bestimmung des mittleren Sehnendurchmessers $d$ der
Kugelkappe ist der Winkel maßgebend. Es bestehen hier folgende einfache Beziehungen:

$$\varphi = \frac{90\,D}{r \cdot \pi} \tag{10}$$

$$\sin \varphi = \frac{d}{2\,(r_i + 0,5\,s)} \tag{11}$$

Die in Abb. 11 gestrichelt eingezeichnete Grenzkurve entspricht dem Ausdruck
$k_1 + k_2 \cdot s^2$, wobei in diesem besonderen Fall $k_1 = k_2 = k = 0,06$ angenommen
wird. Bei einem anderen Blech gleicher Nenndicke, gleicher Werkstoffart und
gleicher Festigkeit, jedoch bei einer anderen Ungleichförmigkeit können ganz
andere $k$-Werte gelten. Daher sollten diese Untersuchungen weiter vertieft
werden. Zieht man die Höhe dieser Grenzkurve von den schrägen Charakteristiken ab, die in Abb. 12 nur für $D = 60$ mm und $r = 20, 25, 32, 40$ und $63$ mm
eingetragen sind, so ergeben sich die hiernach gestrichelt dargestellten fünf
Kurven, die abwärts zum negativen Teil abbiegen. Dort, wo diese gestrichelten
Kurven die Null-Waagerechte bzw. Abszissenachse schneiden bzw. dort, wo in
Abb. 11 die gestrichelte Grenzkurve die schrägen Charakteristiken eines gleichen
$D$ und gleichen $r$ schneidet, wird die geringstzulässige Blechdicke bestimmt,
soweit die Teile bei der Umformung faltenlos hergestellt werden sollen. In
Abb. 12 sind für die schrägen Geraden die Grenzwerte auf Grund der Versuche
dargestellt und darunter auch durch starke Punkte auf der Abszissenachse bzw.
Nullinie nochmals hervorgehoben, wodurch ihr Zusammenhang mit der Grenzkurve veranschaulicht wird.

Die praktische Anwendung der hier vorliegenden Ergebnisse sei durch zwei
Berechnungsbeispiele erläutert. Dabei wird nur von solchen Werten ausgegangen,
die sich durch den vorstehenden Versuch kontrollieren lassen.

Es sei eine Aluminium-Blechscheibe vom Durchmesser $D = 60$ mm kugelkappenartig mit $r = 32$ mm zu runden. Wie dick ist das Blech zu wählen, damit
hierbei keine Falten entstehen? Zunächst ist $d$ zu bestimmen, und zwar auf Grund
der unter (10) und (11) angegebenen Gleichungen

$$\varphi = \frac{90 \cdot D}{r \cdot \pi} = 54°$$

$$d = 2\,r \sin \varphi = 64 \cdot 0,809 = 51,8 \text{ mm}$$

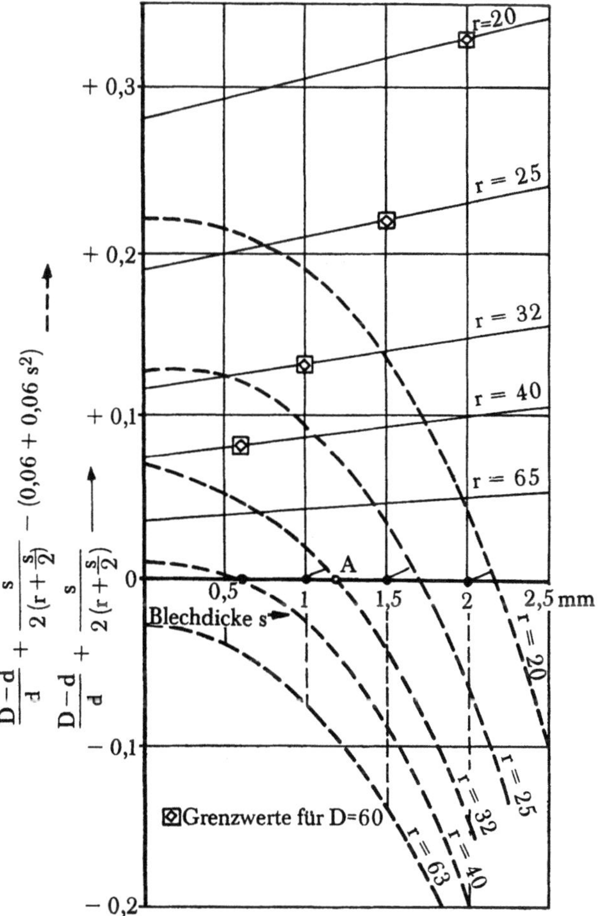


Abb. 12    Subtraktion der Grenzkurve

Die Gl. (9) läßt sich nach $s$ wie folgt auflösen und ausrechnen:

$$s \gtrless \frac{1}{4 \cdot r \cdot k_2} \pm \sqrt{\left(\frac{1}{4 \cdot k_2 \cdot r}\right)^2 - \frac{1 + k_1 \, D/d}{k_2}}$$

$$r \gtrless \frac{16,7}{128} \pm \sqrt{\left(\frac{16,7}{128}\right)^2 - \frac{1,06 - 1,16}{0,06}} - 1,169 \, \text{mm}$$

In Abb. 12 schneidet die gestrichelte Kurve für $r = 32$ mm die Nullinie bei einer Blechdicke $s = 1,17$ mm im Punkte $A$. Im übrigen wird auch in Abb. 11 die schräge Charakteristik für $D = 60$ und $r = 32$ über der Blechdicke 1,17 von der gestrichelt gezeichneten Grenzkurve im Punkte A geschnitten.
Rechnerisch wesentlich schwieriger ist eine Aufgabe, bei welcher Scheibendurchmesser $D$ und Blechdicke $s$ gegeben sind, jedoch $r$ und $d$ gesucht werden. Für

diesen Fall ist die Bestimmung auf Grund eines Diagrammes nach Abb. 11 sehr viel einfacher. Dies zeigt das folgende Beispiel:
Aus einer Aluminium-Blechscheibe vom Durchmesser $D = 55$ mm und der Dicke $s = 1$ mm sei ein kugelkappenartiges Teil mittels elastischer Druckmittel, beispielsweise eines Gummikissens, möglichst stark gewölbt anzufertigen, ohne daß eine Faltenbildung eintritt. In Abb. 11 schneidet die stark gestrichelt gezeichnete Grenzkurve über $s = 1,0$ mm in der Höhe

$$\frac{D-d}{d} + \frac{s}{2\,(r+0,5\,s)} = 0,115$$

Dieser Wert entspräche einem $D = 55$ mm bei einem Mindesthalbmesser $r = 32$ mm, der etwa in der Mitte zwischen den dort für $D = 60$ mm (darüber) und $D = 50$ mm (darunter) zu diesem Halbmesser $r = 32$ mm gehörigen, schrägen, geradlinigen Charakteristiken liegt. Dieser Mindesthalbmesser von $r = 32$ mm darf keinesfalls unterschritten und sollte möglichst größer gewählt werden, will man faltenfreie Teile erhalten.

# 8. Versuche zur Herstellung einfacher runder Napfformen mit ebenem oder gewölbtem Boden mit Flansch

Die in Abschnitt 6 und 7 beschriebenen Untersuchungen und Auswertungen bezogen sich auf die Herstellung von Hohlkörpern aus Aluminiumscheiben, und zwar einmal in Form zylindrischer Näpfe und ferner in Form von Kugelabschnitten. Zu jenen Versuchen diente ein Werkzeug nach Abb. 5, das auch hier wieder verwendet wurde. Die im folgenden beschriebenen Versuchsergebnisse beziehen sich auf den Einfluß der Blechdicke, der Ziehkantenrundung und der Ziehtiefe auf die fehlerfreie Herstellung eingezogener zylindrischer Näpfe mit Flansch, wozu der in Abb. 5 rechts gezeichnete Werkzeugeinsatz dient. Dafür wurde ein zweites Aufsatzstück 13 verwendet, das oben einen weiteren Aufsatz 14 für die Variierung des Ziehkantenhalbmessers $r$ trägt, und das zur Begrenzung seiner Bohrungstiefe für die Variierung der Ziehtiefe $h$ Ausfüllstücke 15 verschiedener Höhe umfaßt. Ebenso wie Teil 9 der Einspannung von Ziehstempeln unterschiedlicher Rundung wie zu 11 in Abb. 5 links gezeichnet dient, gestattet das Aufsatzstück 13 einen Austausch der Aufsatzringe 14 mit einem anderen Rundungshalbmesser $r$.

Die Umformung von Blechen unter Gummikissen ist bisher noch nicht sehr verbreitet, was einmal auf der ungenügenden Abriebfestigkeit und dem großen Verschleiß der elastischen Druckmittel beruht, andererseits von dem Aufwand hoher Pressendrücke abhängig ist. Die hier beschriebenen Untersuchungen dienen dazu, dem Konstrukteur von Blechteilen von vornherein das Gebiet zuzuweisen, innerhalb dessen er mit einem Gelingen der von ihm entworfenen Blechteile unter Gummipressen rechnen kann. Gerade das Hohlprägen mittels elastischer Druckmittel ist nicht nur bei Leichtmetallblechen bekannt. Es wird in verschiedenen Sonderzweigen der Blechverarbeitung angewendet, wie z. B. zum Hohlprägen von Nummernschildern auch für Stahlbleche. Die Pressen für derartige Nummernschilder sind meist leicht gebaut, denn sie müssen oft in Wohnräumen ohne Fundamentierung untergebracht werden. Ferner ist das Personal im Blechprägen und in der Werkzeugbehandlung oft unerfahren. Werden versehentlich im üblichen Hohlprägeverfahren (für Bleche), wo nicht nur die Stahlform im Negativ, sondern auch im Positiv vorliegt, die Werkzeugplatten vertauscht, so treten leicht Werkzeugbrüche ein. Es ist daher bedeutend einfacher, wenn nur eine Werkzeug formplatte vorhanden ist. Bei einem Versehen kann dann nur eine falsche Zahl geprägt, aber kein Werkzeug beschädigt werden.

Während im Nummernschildprägen nur verhältnismäßig geringe Tiefungen sich auch bei geringen Dicken leicht bewältigen lassen, werden in bezug auf die erreichbare Ziehtiefe beispielsweise bei Herdplatten und dgl. sehr viel höhere Ansprüche gestellt. Bei solchen Formen werden gern Hohlprägungen zur späteren Aufnahme von Bolzen oder Schraubenköpfen vorgesehen. Es interessiert uns daher, bis zu welcher Tiefe und bis zu welcher geringsten Abrundung sich derartige Hohlprägungen durchführen lassen. Aus diesem Grund wurden Aluminium- und Stahlblechscheiben bis zu 60 mm Dmr. auf den in Abb. 5 rechts gezeichneten Werkzeugeinsatz 14 gelegt, der selbst einen Durchmesser von 70 mm aufweist. Für die Untersuchung von Aluminiumblechscheiben wurden Scheiben der Durchmesser 40, 50 und 60 mm, für die Untersuchung von Stahlblechscheiben außerdem noch Proben von 30 mm Dmr. verwendet.

## 8.1 Versuche mit Aluminiumblech

Ursprünglich wurde angenommen, daß der radial einwärts gerichtete Druck des Gummikissens die Umformung unterstützt, so daß der Werkstoff an der dem Gummikissen zugewendeten Oberfläche mitgenommen wird. Daher überraschte der kaum auffallende Einfluß von $D$ auch bei den kleinen Scheibendurchmessern von 40 mm, entsprechend einem $\beta = D/d = 40/20 = 2{,}0$. Hiermit wird in einem üblichen Ziehwerkzeug gut umformbares weiches Aluminiumblech leicht rißfrei verarbeitet im Gegensatz zu den größeren Scheiben von 50 und 60 mm Dmr., die einem $\beta = 2{,}5$ und $3{,}0$ entsprechen. Dies beweist, daß bei dem vorliegenden Gummiumformverfahren andere Gesetzmäßigkeiten als beim Tiefziehen mit üblichen Ziehwerkzeugen vorherrschen. Ebenso ist der Einfluß der Stößelkraft $P$ für das Kissen gering. Für Teile mit dem geringen Ziehkantenrundungshalbmesser $r \leqq 2{,}5$ mm ist der Bereich für die Rißfreiheit bei der Stößelkraft von 5 Mp etwas größer als bei der von 20 Mp. Aber auch dieser Einfluß ist derart gering, daß er vernachlässigbar ist. Somit bleiben nur noch die Blechdicke $s$, der Halbmesser $r$ der Einzugsrundung und die Ziehtiefe $h$, die den Grenzwert am stärksten beeinflußt.

In Abb. 13 unten ist nochmals die Versuchsanordnung dargestellt, und zwar links vor Beginn und rechts der Mittellinie während des Versuches. Darüber sind die Versuchsergebnisse in Form eines räumlichen Diagramms ausgewertet. Die eingezeichnete schräge Fläche grenzt den Bereich, innerhalb dessen eine Rißbildung eintritt, gegenüber dem Bereich, innerhalb dessen die Teile gelingen, deutlich ab. Der Streubereich war überraschend gering; er lag bei den Werten der Ziehtiefe $h$ und dem Kantenrundungshalbmesser $r$ innerhalb des Bereiches von $\pm$ 0,8 mm im Gegensatz zu den später hier beschriebenen Untersuchungen mit Stahlblechen, die einen erheblich größeren Streubereich bis $\pm$ 2 mm aufwiesen. Nach Abb. 13 entspricht die Blechdicke $s$ entsprechend der Neigung der Parameterfläche näherungsweise einem Ausdruck:

$$s \geqq c \cdot r \cdot h^n \tag{12}$$

Ohne allzu große Abweichung vom Neigungswinkel kann der Exponent $n$ mit 4 und der Faktor $c$ mit 0,0016 angegeben werden. Es ist wahrscheinlich, daß in die Werte $n$ und $c$ die Festigkeit und Umformfähigkeit des verarbeiteten Bleches mit eingehen. Werden andere Werkstoffe als Al 99,9 w verwandt, so gelten möglicherweise für $n$ und $c$ andere Werte.

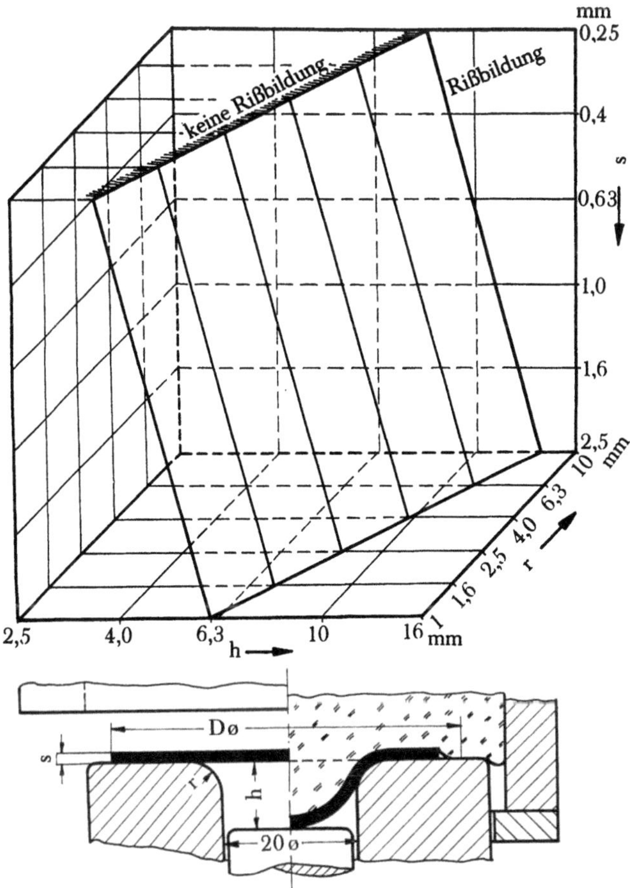


Abb. 13   Grenzfläche für die beginnende Rißbildung an Aluminiumziehteilen

Immerhin wird bei weichen Leichtmetallblechen kaum mit einer allzu großen Abweichung zu rechnen sein. Inwieweit diese Untersuchungen als Modellversuch einen Anhalt für größere Abmessungen geben, müßte erst durch weitere Versuche bewiesen werden. Zunächst ist zu vermuten, daß eine Ähnlichkeit für Ziehdurchmesserbereiche ($d$) bis zu 50 mm gilt. Das würde bedeuten, daß beispielsweise der Grenzpunkt für ein 2 mm dickes Blech, der nach Abb. 13 bei $d = 20$ mm für eine Ziehkantenrundung von 1 mm bei 6,3 mm Ziehtiefe liegt, für einen Ziehdurchmesser von 50 mm unter Erhöhung der Ziehkantenrundung auf $r \leq 2,5$ einer Ziehtiefe von 25 mm entsprechen würde. Inwieweit gleichfalls eine Berücksichtigung der Blechdicke bei diesen Modellbetrachtungen notwendig ist, wäre durch Versuche noch festzustellen. Voraussichtlich wird dies bei dicken Blechen von über 2 mm keine entscheidende Rolle spielen.

In Abb. 14 sind auf einer Sperrholztafel links die Teile zweier Versuchsreihen zu je 9 Teilen verschiedener Blechdicke von $s = 0,25$; 0,5; 0,6; 0,8; 1,0; 1,25; 1,5;

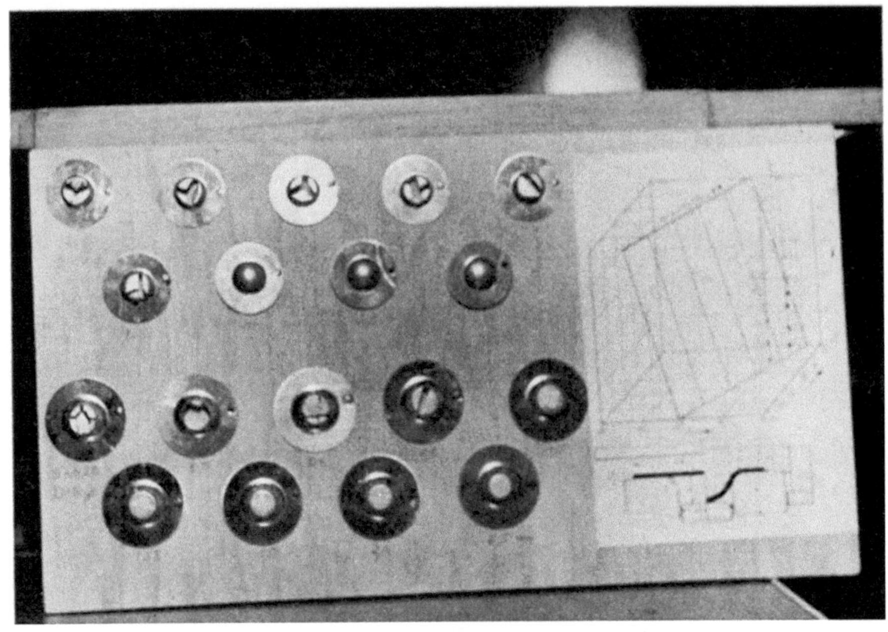

Abb. 14   Ausstellungstafel mit zwei Versuchsreihen (Al 99,5 w)
        oben: $D = 50$ mm        unten: $D = 60$ mm
             $r\ =\ 6,3$ mm             $r\ = 10$ mm
             $h\ = 10$ mm             $h\ = 11$ mm

2,0 und 2,5 mm angeheftet, im rechten Tafelteil erläutern die über den zugehörigen
$r$- und $h$-Werten zu Abb. 13 errichteten Senkrechten den Schnitt durch die Grenzfläche. In der oberen Reihe für $D = 50$ mm, $r = 6,3$ mm und $h = 10$ mm rissen
die Teile bis zu einer Blechdicke von 1,25 mm, in der unteren Reihe für $D = 60$ mm,
$r = 10$ mm und $h = 11$ mm bis zu einer Dicke von 0,8 mm. Auf den Senkrechten sind die gerissenen Teile durch Kreise, die nicht gerissenen durch schwarze
Punkte angedeutet. Auf einer anderen Tafel befinden sich nach Abb. 15 links
ein gerissenes 0,6 mm, rechts ein gelungenes 2,0 mm dickes Blechhohlprägeteil.
Die Abmessungen der Teile zu jener Versuchsreihe betrugen $D = 60$ mm,
$r = 2,5$ mm und $h = 6,3$ mm. Das linke Teil war das dritte und zuletzt gerissene
dieser Versuchsreihe; es lag dicht an der Grenzfläche. Dort ist die an der Riß-
fläche eintretende Grobkornbildung in etwa 2 mm Abstand von der Stempel-
kante zu erkennen. In diesem Bereich beginnen die zunächst parallel zum Umfang
liegenden Einrisse, die jedoch sehr bald, d. h. nach weiteren Zehntelmillimeter
Ziehtiefe, radial zur Bodenmitte vorstoßen.
Das Besondere jener Versuchsreihen mit Aluminiumblechteilen bestand darin,
daß es praktisch nur zwei verschiedene Sorten von Ergebnismerkmalen gab,
nämlich die gerissenen und die nicht gerissenen, die als gelungen zu bezeichnen
sind. Bei einer Stößelkraft von 20 Mp entsprechend einem Flächendruck von etwa
500 kp/cm² bezogen auf die Kissenoberfläche gab es überhaupt keine gewölbten

34

Abb. 15   Zwei Aluminiumblechziehteile einer Versuchsreihe
$(s = 0,6$ mm [links] und 2,0 mm [rechts])
$D = 60$ mm, $r = 2,5$ mm, $h = 6,3$ mm

Probeteile, deren Höhe die Ziehtiefe nicht erreichte. In den Versuchsreihen mit
5 Mp Stößelkraft, entsprechend etwa 125 kp/cm² Kissenflächendruck, wurden nur
ganz wenige nahe der Grenzfläche liegend gewölbte Teile im rißfreien Bereich
beobachtet.


## 8.2 Versuche mit Stahlblech

Im Gegensatz hierzu zeigten die Untersuchungen an Stahlblechteilen ein wesentlich anderes Ergebnis insofern, als außer den gelungenen und gerissenen Teilen
ein großer Anteil der Versuchskörper zwar nicht riß, jedoch die Ziehtiefe nicht
erreichte und nur eine Umformung in Gestalt einer kalottenförmigen Ausrundung
geringerer Tiefe aufwies. Dieser dritte Anteil ist derartig hoch, daß er bei der Auswertung der Versuche berücksichtigt werden muß. Ein weiterer Unterschied
zeigte sich in bezug auf den Einfluß des Zuschnittsdurchmessers und der Stößelkraft. Gewiß ist ebenso wie beim Aluminiumblech der Unterschied des Zuschnittdurchmessers $D$ im Bereich von 40 bis 60 mm bei 20 Mp Stößelkraft
gering, doch ist er trotz der größeren Streubereiche der Versuche immerhin noch
spürbar. Eine erhebliche Abweichung wurde vor allen Dingen bei den kleinen
Scheiben von 30 mm Dmr. beobachtet, wo aber keinesfalls von gelungenen
Teilen gesprochen werden kann. Selbst bei kleinen Kantenradien $r$ berührt nur
eine schmale Ringfläche den Ziehring. Bei den größeren Radien $r = 6,8$ mm
und $r = 10$ mm liegen die Scheiben nicht mehr auf dem Ring, sondern unter der
oberen Ringfläche, nämlich auf der Rundungsfläche der Einzugsöffnung. Hier
ist demnach keine Flächenberührung, sondern bestenfalls Linienberührung, praktisch jedoch nur Punktberührung, vorhanden.

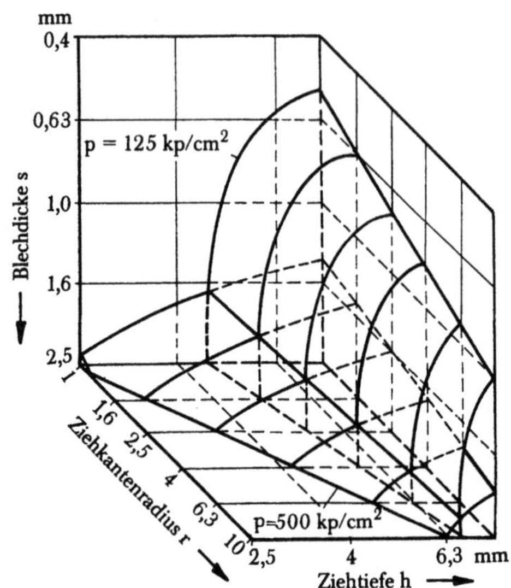


Abb. 16 Grenzflächen des Rißbereiches für die Kissendrücke von 125 kp/cm² und 500 kp/cm² bei kleinem Zuschnittdurchmesser ($D/d = 30/20 = 1,5$)

Abb. 16 zeigt im Raumdiagramm die sich kreuzenden Grenzflächen für die verschiedenen Kissendrücke eines $p = 125$ und $p = 500$ kp/cm². Risse sind bei den Versuchsreihen eines $D = 30$ mm nicht aufgetreten. Der im Vergleich zu den späteren Abb. 19–21 große freie Raum des Diagramms gegenüber dem Wölbungsbereich im rechten unteren Teil läßt vermuten, daß hier ein sehr großer Anteil gelungener Körper nachgewiesen wird. Dem ist leider nicht so. Im Gegenteil waren höchstens bei den geringeren Ziehtiefen von $h$ bis 4 mm und bei kleinen $r$-Werten einige mit Flansch versehene Teile noch anzutreffen, die als brauchbar bezeichnet werden können. Im übrigen Bereich zeigten sich Formen, die auf alle Fälle als mißlungen betrachtet werden müssen. Gerade bei den größeren Ziehtiefen $h$ und größeren Rundungshalbmessern $r$ wurden infolge der ungleichen Dicke und Festigkeit der Proben in Verbindung mit der oben beschriebenen Punktberührung mitunter Formen erzielt, wie sie in Abb. 17 dargestellt, also völlig unbrauchbar sind.

Der Einfluß des Kissendruckes macht sich bereits bei diesem geringen Durchmesserverhältnis $D/d = 30/20 = 1,5$ bemerkbar. Abb. 18 zeigt fünf Teile in der Reihenfolge zunehmender Dicke von links nach rechts ($s = 0,5$; $0,75$; $1,0$; $1,25$ und $2,0$ mm). Die Probekörper der oberen Reihe wurden unter einem Kissendruck von 125 kp/cm², die unteren unter einem Druck von 500 kp/cm² hergestellt. In der oberen Reihe weist nur das 0,5 mm dicke Teil eine Bodenfläche auf, das zweite kaum eine Andeutung derselben. Im Gegensatz hierzu zeigen vier Teile der unteren Reihe mit Ausnahme der letzten Probe Bodenflächen, die um so klarer und ausgeprägter hervortreten, je dünner der Werkstoff ist. Diese Ver-

36

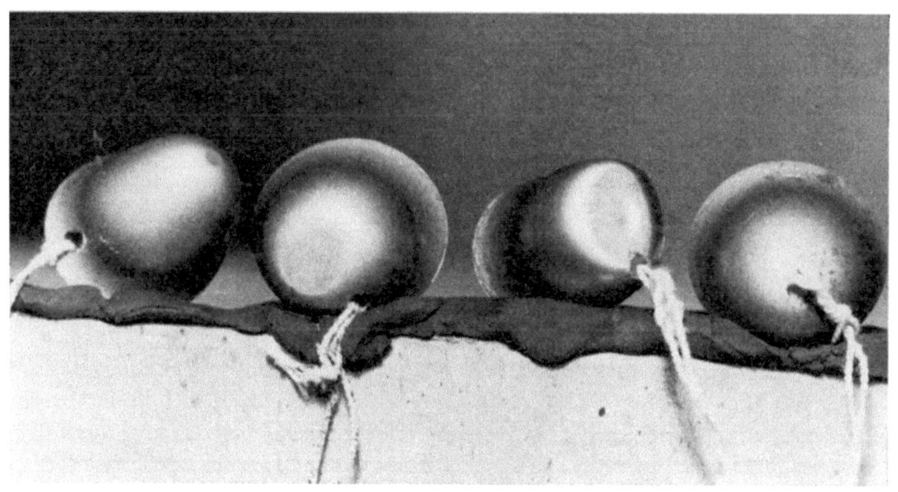

Abb. 17 Unregelmäßige Stahlblechziehteile infolge $D - d < 2\,r$
$(D = 30\ \text{mm},\ d = 20\ \text{mm},\ r = 6{,}8\ \text{mm})$

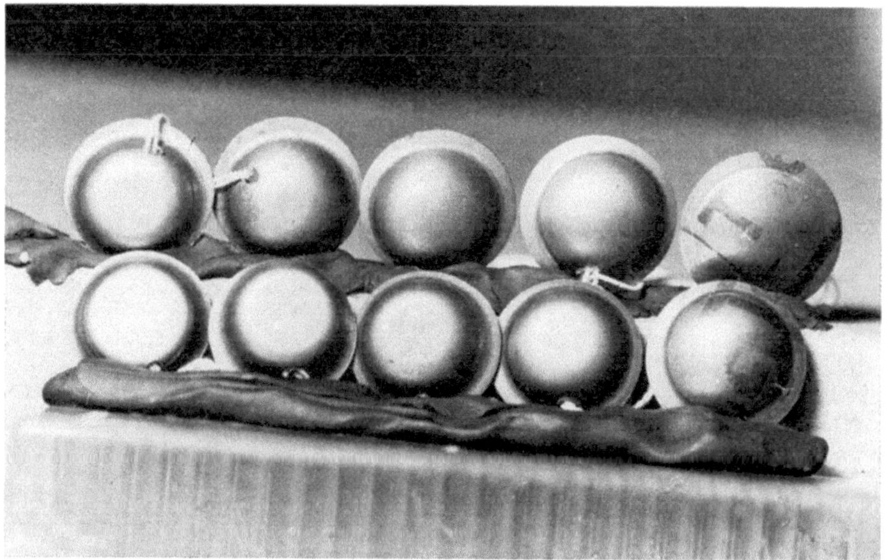

Abb. 18 Einfluß des Kissendruckes
obere Reihe 125 kp/cm², untere Reihe 500 kp/cm²
$s = 0{,}5;\ 0{,}75;\ 1{,}0;\ 1{,}25$ und $2{,}0$ mm
$(D = 30\ \text{mm},\ r = 4\ \text{mm},\ h = 6{,}3\ \text{mm})$

suchsreihe wurde für eine Ziehtiefe von 6,3 mm und einen Ziehkantenhalbmesser von $r = 4$ mm bei $D = 30$ mm durchgeführt. Mit zunehmendem $D$ wächst der Anteil der gewölbten Stücke, die die Ziehtiefe nicht erreichen. Die Formzustandsbilder für den größeren Druck von 500 kp/cm² ergaben eine ziemlich übereinstimmende Tendenz dahingehend, daß der Rißbereich und der Auswölbungsbereich mit größer werdendem Zuschnittsdurchmesser zunehmen. Die Grenzflächen werden mit wachsendem $D$ nach links verschoben, wie dies aus Abb. 19 hervorgeht. Für den geringeren Kissendruck von 125 kp/cm² liegen die Verhältnisse für $D = 40$ mm nach Abb. 20 wesentlich unklarer.

Der Bereich für die gelungenen Teile ist verhältnismäßig klein; die zwar nicht gerissenen, aber gewölbten Teile ohne Erreichen der Ziehtiefe beschränken sich nicht allein auf den unteren Bereich des Diagrammraumes, sondern reichen bis in diesen hinauf. Außerdem ist ein verhältnismäßig kleiner Rißbereich in der oberen Raumdiagrammecke zu beachten, der jedoch nur für die kleineren Ziehkantenhalbmesser $r$ in Betracht kommt. Die Verhältnisse gestalten sich bei zunehmendem $D$ gemäß dem Formzustandsbild in Abb. 21 etwas übersichtlicher, das für beide Zuschnittsdurchmesser $D = 50$ und 60 mm gilt. Infolge des weiten Streubereiches ist ein Unterschied zwischen beiden Scheibendurchmessern $D = 50$ und 60 mm nicht zu beobachten. Abb. 21 zeigt, daß der Wölbungsbereich, innerhalb dessen die Teile ihre Ziehtiefe nicht erreichen, gegenüber Abb. 20 noch weiter zugenommen hat, und daß dafür überraschenderweise der Rißbereich kleiner geworden ist. Eine Begründung hierfür läßt sich schwer finden. Immerhin trat in den Versuchsreihen für $p = 125$ kp/cm² bei der großen Anzahl von Versuchskörpern die

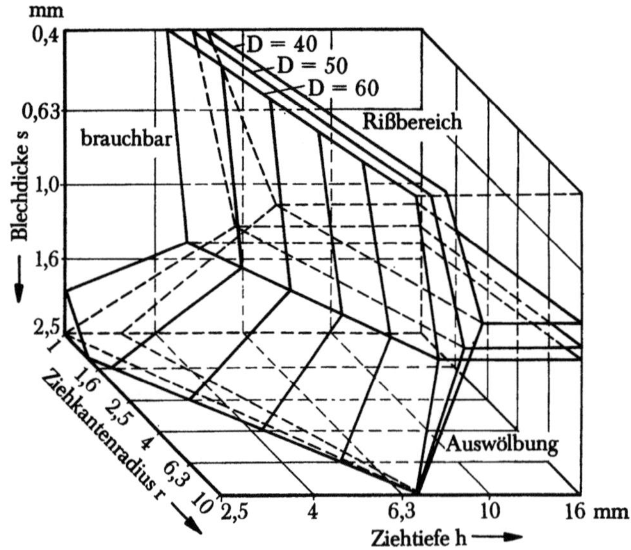



Abb. 19   Formzustandsbild für 500 kp/cm² mit den Grenzflächen des Riß- und Auswölbbereiches für $D = 40$, 50 und 60 mm

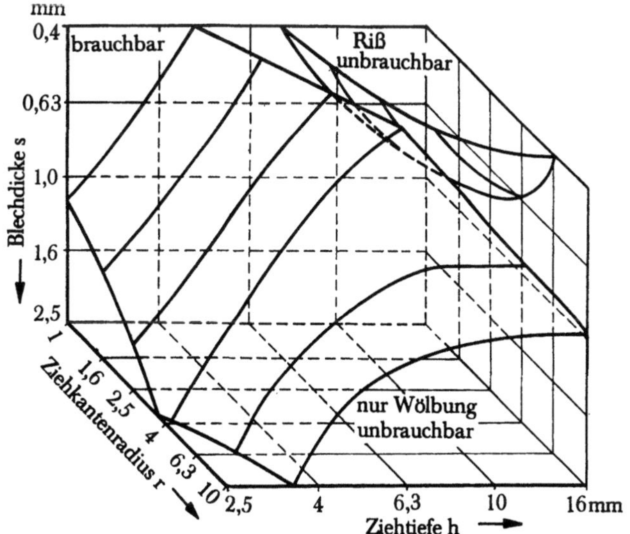



Abb. 20   Formzustandsbild für $p = 125$ kp/cm² und $D = 40$ mm

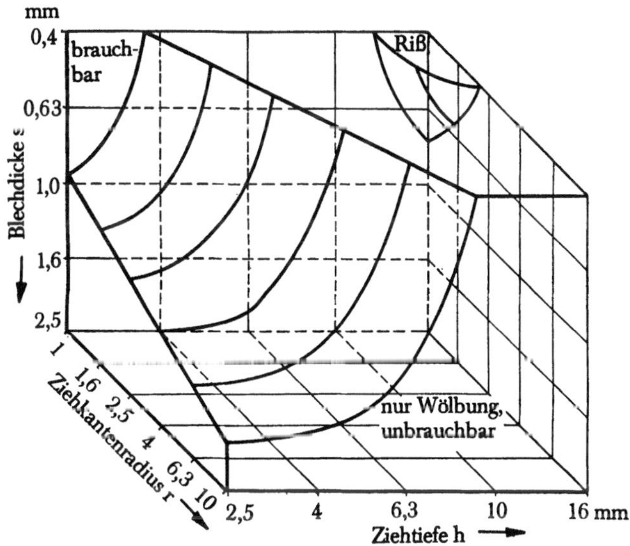



Abb. 21   Formzustandsbild für $p = 125$ kp/cm² und $D = 50$ und $60$ mm

Beschränkung des Rißbereiches bei großem Scheibendurchmesser gegenüber
kleineren Scheiben derart deutlich hervor, daß dies nicht als ein Zufallsergebnis
gewertet werden kann. Möglicherweise liegt dies daran, daß Scheiben eines
kleineren $D$ leichter in die Ziehöffnung rutschen und sich hierbei Ungleichheiten
in der Werkstoffdicke und in der Festigkeit verhängnisvoller auswirken als bei
großem $D$, wo eine solche Umformung von vornherein durch einen größeren
Umformwiderstand behindert wird.

Abb. 22a und b     Einfluß der Ziehtiefe
                ($h = 2{,}5;\ 4{,}0;\ 6{,}3$ und $10$ mm)
                auf die Abnahme der Bodenfläche und auf die Rißbildung
                ($r = 4$ mm, $D = 40$ mm, $s = 0{,}5$ mm, $p = 125$ kp/cm$^2$)

Ebenso wie bei dem Versuch mit Aluminiumproben stellte sich bei den Stahlblechscheiben heraus, daß der Einfluß der Ziehtiefe von überragender Bedeutung
ist. Aus diesem Grunde wurde daher in Übereinstimmung zu Abb. 13 die Ziehtiefe als waagerechter Abszissenmaßstab in die räumlichen Diagramme der Formzustandsbilder zu Abb. 16 und 19–21 eingetragen. Abb. 22 zeigt die Proben eines
Scheibendurchmessers $D = 40$ mm, einer Ziehkantenrundung $r = 4$ mm und
einer Blechdicke $s = 0,5$ mm bei $p = 125$ kp/cm² Kissendruck, die von links
nach rechts mit 2,5; 4,0; 6,3 und 10 mm Ziehtiefe gezogen wurden. Das letzte
Teil riß, die anderen zeigen bei zunehmender Ziehtiefe eine abnehmende Bodenfläche. Eine weitere Gegenüberstellung verschiedener tiefgezogener Teile ist in
Abb. 23 zu sehen, wo die Teile der oberen Reihe 6,3 mm, diejenigen der unteren
Reihe 10 mm tief gezogen wurden. Die Blechdicken der Proben betragen von
links nach rechts $s = 0,5$; 0,75; 1,0; 1,25 und 2 mm.
Die Teile zu Abb. 23 wurden unter vierfachem Druck gegenüber denen zu Abb. 22
gezogen. Infolge des geringeren Ziehkantenhalbmessers $r = 6$ mm ergab sich
auch eine stärkere Rißbildung. Im übrigen war der Scheibendurchmesser $D$
$= 40$ mm derselbe wie zu Abb. 22.
Der Einfluß des Kissendruckes $p$ und des Ziehkantenhalbmessers $r$ wird in
Abb. 24 erläutert. Es handelt sich hierbei um 1,25 mm dicke Scheiben eines
Durchmessers $D = 40$ mm, die sämtlich ihre Ziehtiefe nicht erreichten. Die

Abb. 23   Einfluß der Ziehtiefe
(obere Reihe $h = 6,3$ mm, untere Reihe $h = 10$ mm)
auf den Rißeintritt
Blechdicke $s = 0,5$; 0,75; 1,0; 1,25; 2,0 mm
($r = 1,6$ mm, $D = 40$ mm, $p = 500$ kp/cm²)

beiden linken Proben wurden bei einem Kissendruck von 125 kp/cm², die beiden
rechten bei 500 kp/cm² umgeformt. Man erkennt deutlich die bei größerem Druck
erreichte größere Tiefe.

Während von links das erste und das dritte Teil einen nur kleinen Ziehkantenradius $r = 1$ mm aufweisen, beträgt er beim zweiten und vierten Teil 10 mm.
Auch hier ist die größere erreichbare Ziehtiefe bei größerem Ziehkantenhalb-

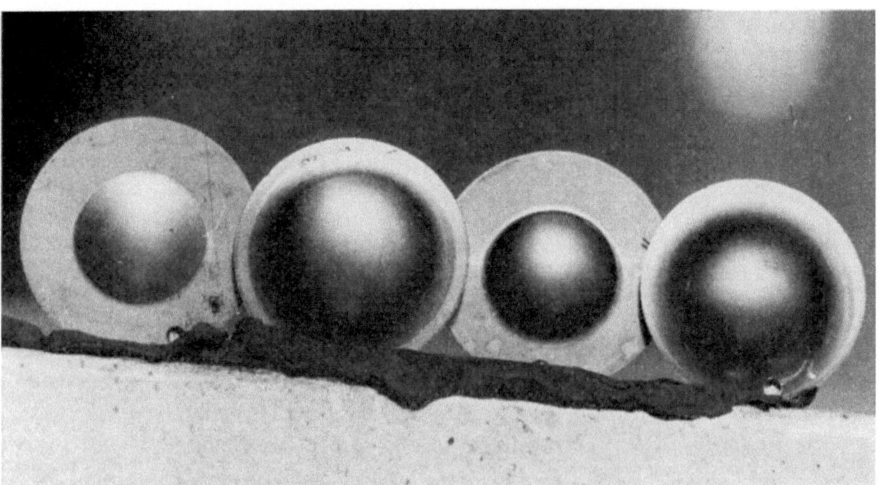

Abb. 24a und b   Einfluß von Druck
(links $p = 125$ kp/cm², rechts $p = 500$ kp/cm²)
und Ziehkantenhalbmesser
$r = 1$ und $r = 10$ mm
($D = 40$ mm, $s = 1,25$ mm)

messer zu erkennen. Bei den Versuchen wurden Gummikissen von 70 mm Durchmesser und einer Höhe von 100 mm verwendet, die eine Shore-Härte von 70–80° aufweisen. Die in Abb. 25 dargestellten Kissen sind auf der Oberfläche an den Stellen der Ziehkante entsprechend einem Durchmesser von 20 mm bis zu etwa 4 mm Tiefe eingerissen.

Dieser Verschleiß wurde beim linken Kissen nach etwa 500, beim rechten nach etwa 1000 Versuchen erreicht. Dabei hat der Grad des Verschleißes nach Abb. 25 rechts die äußerst mögliche Grenze der Brauchbarkeit erreicht, zumindest für den vorliegenden Zweck, nämlich Ziehteile von 20 mm Durchmesser herzustellen. Für anders gestaltete Formen wäre das Kissen möglicherweise noch brauchbar. Die Frage des Kissenverschleißes in Abhängigkeit von Kissenhöhe, Druck und Härtegrad bedarf noch der Untersuchung. Eine solche Aufgabe läßt sich mit der Einprägung verschieden scharfer Kanten in Blechscheiben verbinden, um damit die Frage nach der Verwendung elastischer Druckmittel zur Herstellung scharfkantiger hohlgeprägter Teile zu beantworten.

Abb. 25   Gummikissen einer Härte von 70 bis 80° Shore mit bis zu 4 mm tiefen Verschleißspuren entsprechend $d = 20$ mm nach rd. 500 Stanzversuchen beim linken, 1000 Stanzversuchen beim rechten Kissen

# 9. Auswertung der Versuchsergebnisse für die einfache, runde Napfform mit Flansch in bezug auf Rißanfälligkeit

Die Aluminiumblechteile zeigten gegenüber den Stahlblechteilen ein völlig anderes Verhalten. Insbesondere traten bei Aluminiumblechteilen nur entweder Risse oder gelungene Teile, jedoch fast keine ungerissenen und gewölbten Teile auf, die die vorgeschriebene Ziehtiefe nicht erreichten. Für Aluminiumblechscheiben $D > 2\,d$ wurden folgende Beziehungen bei Versuchen mit $D = 20$ mm nachgewiesen:

$$s \geqq c \cdot r \cdot h^n$$

oder

$$h \leqq \sqrt[n]{\frac{s}{c \cdot r}} \tag{12}$$

Hierbei bedeuten $s$ die Blechdicke, $r$ den Ziehkantenradius und $h$ die Ziehtiefe in mm. Annäherungsweise können der Exponent $n = 4$ und der Beiwert $c = 0,0016$ eingesetzt werden.

Für Stahlblechscheiben bis zu 1 mm Dicke gilt bei einem Arbeitsdruck von 500 kp/cm² und für Scheibendurchmesser $D > 2\,d$ folgende empirische Beziehung für die erreichbare Ziehtiefe $h$:

$$h \leqq 0,2\,d\sqrt[3]{r} \tag{13}$$

Für dickere Tiefziehstahlbleche bis zu 1,5 mm muß die Bedingung $r \geqq 0,10\,d$ und für 2 mm dickes Stahlblech $r \geqq 0,25\,d$ erfüllt sein, wenn auch hierfür die obige Gleichung gelten soll. Bei Drücken unter 500 kp/cm² wird zwar der Anteil der gerissenen Stahlblechproben kleiner, aber dafür läßt sich die Ziehtiefe schwieriger erreichen. Eine scharfe Ausprägung der Bodenkanten ist für $s \geqq 1$ mm bei geringeren Drücken, wie bei $p = 125$ kp/cm², nicht mehr zu erzielen und daher selbst eine empirische Gleichung für die Ziehtiefe nicht mehr aufzustellen.

Bei einem Ziehverhältnis $D/d < 2\,r$ nehmen die Stahlblechteile derart unregelmäßige Formen an, daß dafür das hier beschriebene Gummipreßverfahren mit gelochtem Ziehring praktisch ausscheidet. Es ist dann schon der umgekehrte Weg vorzuziehen, indem die Scheibe über einen Stempel aufgelegt mittels elastischer Druckmittel umgeformt wird.

# 10. Vergleich der Faltenanfälligkeit zu wölbender Scheiben aus Stahlblech mit solchen aus Aluminiumblech

Während in den vorausgegangenen Ausführungen nur der Einfluß der Blechdicke und der Wölbungsrundung in Verbindung mit den Werkstofffestigkeitskennwerten des verwendeten Aluminiumbleches (Al 99 w) allein als Einflußkriterien untersucht wurden, sollte das Verhalten von Stahlblechscheiben während der weiteren Modellversuche beobachtet werden. Dabei könnten möglicherweise einfache Relationen zu den Festigkeitswerten der Werkstoffe gefunden werden. Es besteht selbst in Fachkreisen vielfach die Meinung, daß beim Gummiziehen wie überhaupt beim Pressen mit elastischen Druckmitteln eine Faltenbildung stärker eingeschränkt wird als bei den üblichen Tiefziehwerkzeugen, was möglicherweise darauf beruht, daß man dabei an eine gleichmäßige und satte Auflage des Druckmittels auf das Blech denkt, die keinen Spielraum zuläßt, wie dies bei stählernen Blechhalterscheiben infolge von Blechdickenabweichungen unvermeidlich ist. Dem steht entgegen, daß beim Biegen einer Faltenbildung, die sehr wohl durch derartige Blechdickenabweichungen gefördert werden kann, das Blech doch sehr bald gegen die unnachgiebige Blechhalterfläche anliegt, während eine elastische Anlage gegenüber den Ausknickkräften einer Blechronde auszuweichen in der Lage ist. Je weicher ein Gummikissen ist, um so leichter und stärker tritt eine solche Faltenbildung auf.

Daher drängt sich dem Konstrukteur von Blechteilen, deren Fertigung unter Gummikissen in Aussicht genommen ist, von vornherein die Frage auf, ob die Herstellung des fraglichen Teiles faltenfrei überhaupt möglich ist. Gewiß wird man hierbei zwischen massiven Gummikissen und hydraulisch unterstützten Membranen Unterschiede machen müssen, ebenso wie dies von dem Umformgrad zwischen elastischen Druckmitteln und dem Umformwerkzeug mit der zwischenliegenden umzuformenden Blechtafel abhängig ist. So ist anzunehmen, daß eine noch geringere Faltenbildung als im folgenden beschrieben, mit Gummimembranen erreicht wird, die unter Flüssigkeitsdruck stehen, sowie mit Werkzeugen, die erst nach Aufsitzen des Druckmittels auf der Tauchplatte bzw. auf dem Werkzeugtisch unter hohem Druck gegen das elastische Druckmittel gefahren werden. Die in jüngster Zeit bekannt gewordenen und bereits zu Tab. 2 in Abschnitt 4 beschriebenen Gummiformverfahren, nämlich das Hydroform-, das Wheelon- und das Fluidform-Verfahren, setzen eine hydraulisch unterstützte Gummimembrane voraus, die sich weitgehender an das Werkzeug mit dem darüber liegenden Blech anschmiegt, als dies unter Vollgummikissen möglich wäre. Ebenso sind nach dem Marform-, dem Hidraw- und dem Hydroform-Verfahren sogar zylindrische Näpfe eines höheren Ziehverhältnisses und ohne Bodenkantenschwächung herstellbar, als dies unter normalen Tiefziehpressen möglich ist. Im Gegensatz hierzu lassen sich nach den üblichen Gummipreßverfahren I und II in Tab. 2, wo das Werkzeug auf einer Tauchplatte liegt, zylindrische Näpfe faltenfrei nur in sehr geringer Höhe herstellen. Hierzu könnte eingewandt werden, warum die Versuche sich nicht von vornherein auf das Marform-Verfahren, das Hydroform-Verfahren oder das Hidraw-Verfahren beschränken. Hierzu ist zu sagen, daß trotz der geschilderten Vorteile die drei zuletzt genannten Verfahren sich zumindest in Deutschland, aber wahrscheinlich auch in anderen Ländern nicht durchgesetzt haben, und daß selbst in USA, wo diese Verfahren entwickelt wurden, nur wenige Werkstätten mit diesen Verfahren arbeiten. Dies liegt daran, daß die einzelnen Werkstückabmessungen hierzu passende Durchbrüche in der Tischplatte voraussetzen und Investierungskosten verursachen, die immerhin schon an die Herstellkosten normaler Tiefziehwerkzeuge ziemlich heranreichen. Der Vorteil des Gummipressens liegt andererseits doch darin begründet, daß man in kürzester Zeit sehr billige Werkzeuge zum Einsatz bringen kann. Ein solches nur aus Hartholz oder Zinklegierungsguß angefertigtes Werkzeug, in verschiedener Größe auf den Pressentisch aufgelegt, ist das Ideal für den Fertigungsfachmann, soweit ihm eine entsprechend starke Presse mit Gummikoffer zur Verfügung steht.

Daher wird das klassische Gummipreßverfahren – auch als Guérin-Verfahren bezeichnet – voraussichtlich auch noch in den nächsten Jahren seine Bedeutung gegenüber den anderen später entwickelten Verfahren für den Kleinstserienbau behalten, wie er heute vorzugsweise im Flugzeugzellenbau, aber auch in anderen Zweigen der Blechformung im Vordergrund steht. Das große wirtschaftliche Moment der Bereitstellung von Pressen mit entsprechend hohen Kräften und der Verschleiß des elastischen Druckmittels, insbesondere der Gummiplatten, soll hierbei gar nicht berücksichtigt werden. Anlaß zu diesen Untersuchungen gaben weniger fertigungstechnische, sondern vielmehr allein rein konstruktive Überlegungen, inwieweit es überhaupt möglich ist, nach dem klassischen Gummipreßverfahren gewölbte Blechformteile unter Beschränkung auf eine kugelförmige Wölbung kreisrunder Scheiben zu Kugelabschnitten herzustellen.

Die bisherigen Versuchsergebnisse haben bewiesen, daß die Möglichkeit einer theoretischen Vorausbestimmung für den örtlichen Beginn der Entstehung von Falten deshalb ausscheidet, weil bei einem idealen plattenförmigen Werkstoff von absolut gleicher Dicke und gleicher Festigkeit sowie bei gleichzeitigem Eintreten gleich großer Beanspruchungen an allen Stellen des Umfanges an sich keine Ausweichmöglichkeit des Werkstoffes aus seiner Ebene und somit kein Anlaß zu einer Faltenbildung besteht. Es hat sich jedoch schon immer beim Blechumformen, insbesondere beim Tiefziehvorgang, gezeigt, daß vor allem dünne Bleche, die nicht beiderseits gehalten sind und auch keine einseitige Berührung mit einer Fläche des Werkzeuges aufweisen, leicht Falten bilden. Je ungleichmäßiger die Blechdicke und die Festigkeit der umzuformenden Blechronde sind, um so anfälliger ist sie in bezug auf Faltenbildung. Dies ist auch die Ursache dafür, daß zuweilen ein hochwertiges Tiefziehblech mit hohen Dehnungswerten sich beim Tiefziehen zuweilen schlechter verhält als ein einfaches Ziehblech, weil beim ersten Blech die Blechdicke oder die Festigkeit an den einzelnen Stellen sich unterschiedlicher verhält als beim zweiten.

46

Wie schon eingangs betont, ist die Faltenanfälligkeit bei Verwendung elastischer Druckmittel infolge deren Ausweichmöglichkeit größer als beim normalen, aus stählernem Stempel, Blechhalter und Ziehring bestehenden dreiteiligen Ziehwerkzeug. Schon auf den vorausgehenden Seiten 26 bis 30 wurde versucht, trotz Fehlens theoretischer klarer Voraussetzungen die Einflüsse zu erfassen, die eine Faltenbildung unterstützen und die sie verhindern, und sie einander gegenüberzustellen. Werden die in Gegenrichtung wirkenden, eine Faltenbildung verhindernden Einflüsse von den unterstützenden Einflüssen abgezogen, so wird – wenn beide Einflüsse gleich groß sind – ein Grenzwert bestimmt, der Auskunft darüber gibt, bei welcher Formgebung die Herstellung eines faltenfreien Teiles noch möglich ist.

Die in Abb. 26 oben dargestellte kreisrunde Scheibe mit dem Durchmesser $D$ und der Dicke $s$ wird unter Erhaltung dieser Dicke zu einer Kugelkappe umgeformt. Hierbei wird der äußere Durchmesser $D$ auf den kleineren mittleren Durch-

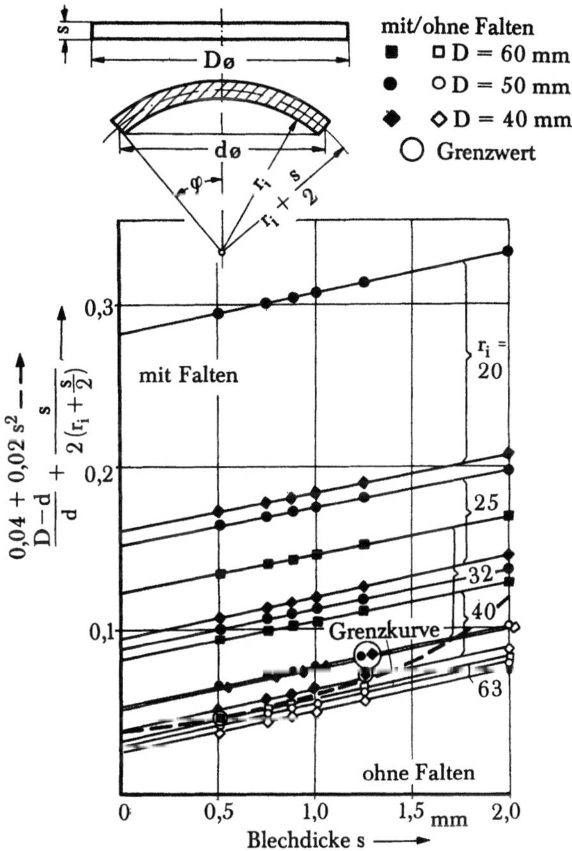



Abb. 26   Versuchsergebnisse und Grenzkurve für Scheiben aus Tiefziehstahlblech

messer $d$ verkürzt. Es tritt eine am Umfang wirkende Tangentialstauchung ein, deren Größe durch das Verhältnis $(D - d)/d$ gekennzeichnet ist. Dieser Tangentialstauchverhältnis ist somit die erste Einflußgröße zur Unterstützung einer Faltenbildung. Diese Stauchwirkung wird an der äußeren Oberfläche der Kugelkappe durch eine überlagerte Zugbespannung vermindert, an deren innerer Oberfläche durch eine überlagerte Druckbeanspruchung zusätzlich erhöht. Diese bewirkt in erster Linie ein Ausklappen des Werkstoffes in Form von Falten am äußeren Rand. Wenn man der Einfachheit halber den Vorgang nur zweidimensional betrachtet, so ergibt sich als Maßstab einer Dehnung oder Stauchung das Verhältnis $s/2 \, (r + 0{,}5 \, s)$. Das letzte Glied in der Klammer kann bei verhältnismäßig großem $r$ und kleinem $s$ vernachlässigt werden.

In dem Schaubild Abb. 26 sind über der Blechdicke $s$ schräge Geraden eingezeichnet, die für die einzelnen Versuchsreihen gemäß Gl. (8) in Abschnitt 7 berechnet wurden. Auf diesen geneigten Geraden sind die Probekörper eines $D = 40$ mm durch auf die Spitze gestellte Quadrate, diejenigen eines $D = 50$ mm durch Kreise und diejenigen eines $D = 60$ mm durch liegende Quadrate gekennzeichnet. Zu $r_i = 20$ mm und $r_i = 25$ mm sind die Linien und Werte für $D = 60$ mm in Abb. 26 nicht eingetragen. Diese Quadrate und Kreise sind dort schwarz ausgefüllt, wo eine Faltenbildung eintrat. Der auf einer schrägen Geraden am weitesten rechts gelegene schwarze Punkt ist als Grenzwert außerdem von einem größeren Kreis umrahmt. Alle Proben, die durch diese Punkt-Kennzeichnung rechts von jenen Grenzwerten angegeben sind, sind innen ausgespart und bezeichnen faltenfreie Teile. Hiernach läßt sich der Bereich der mit Falten versehenen Teile gegenüber den faltenfreien Proben durch eine Grenzkurve abstecken. Eine solche Grenzkurve setzt voraus, daß zu ihrer Aufstellung die Einflüsse maßgebend sind, die einer Faltenverhinderung dienen.

Hierzu gehört in erster Linie der Knickwiderstand eines Bleches gegenüber den oben genannten Stauchbeanspruchungen. Da die Eulersche Knickformel nur in der Stabtheorie angewendet werden darf, scheidet sie hier aus [15]. Doch sei bedacht, daß jene Knickformel immerhin einen Anhalt für Überlegungen in dieser Richtung bietet, wenn man eine größere Anzahl in tangentialer Richtung zum Umfang verlaufender kleinster rechteckiger Stabelemente von etwa quadratischem Querschnitt entsprechend der Blechdicke unterstellt.

Das Trägheitsmoment ist für die Bestimmung einer Dimension der Knickkraft in mm$^4$ mit maßgebend, so daß diese wesentlich durch die Blechdicke bestimmt wird. Der Elastizitätsmodul im Nenner der Eulerschen Gleichung stellt eine konstante Größe dar und verringert den Exponenten von 4 auf 2, so daß hier voraussichtlich ein Ausdruck von der Form $k_1 + k_2 \cdot s^2$ vorliegt, worauf in den vorausgehenden Ausführungen in Verbindung mit Gl. (9) bereits eingegangen wurde. Für die im Abschnitt 7 zu Abb. 11 beschriebenen Versuche mit Aluminiumblech gilt die sehr einfache Beziehung $k_1 = k_2 = 0{,}06$. Auf Grund des hier vorliegenden Versuchsergebnisses bei den Tiefziehstahlblechen hat $k_1$ einen anderen Wert als $k_2$, und zwar ist $k_1$ mit 0,04 und $k_2$ mit 0,02 anzunehmen. Hiernach läßt sich eine einfache Relation zwischen dem Aluminium- und dem Stahlblech in bezug auf Festigkeitswerte nicht aufstellen. Es können daher bei anderen Blechen gleicher Nenndicke, gleicher Werkstoffart und gleicher Festigkeit, jedoch einer anderen Ungleichförmigkeit ganz andere $k$-Werte gelten. Da leider bis heute noch kein Werkstoffprüfverfahren bekannt ist und zunächst auch kaum eine Aussicht besteht, diese Ungleichförmigkeit durch verhältnismäßig einfache Prüfvorgänge schnell zu erfassen, muß die Berücksichtigung dieses Umstandes offen bleiben, so unbefriedigend dies auch sein mag [16].

Für die geometrische Bestimmung des mittleren Sehnendurchmessers $d$ der Kugelkappe ist der Winkel $\varphi$ gemäß Gln. (10) und (11) maßgebend.

Es wurden bereits zur Erläuterung der praktischen Anwendung im Abschnitt 7 einige Beispiele für Aluminiumblechscheiben durchgerechnet. In Ergänzung hierzu mögen zwei Beispiele unter Bezugnahme auf ein Kissen von 71,5 mm Dmr., von 63 mm Höhe und von 55° Shore-Härte für Tiefziehstahlblech folgen:

Es sei eine Stahlblechscheibe vom Durchmesser $D = 50$ mm kugelkappenförmig mit $r_i = 40$ mm zu pressen. Wie dick ist das Blech zu wählen, damit hierbei keine Falten entstehen?

Zunächst ist $d$ zu bestimmen auf Grund von Gln. (3) und (4):

$$\varphi = \frac{90\,D}{r_i \cdot \pi} = 36°$$

$$d = 2\,r_i \cdot \sin \varphi = 80 \cdot 0{,}588 = 47 \text{ mm}$$

Die Gl. (9) für die Grenzkurve läßt sich wie folgt nach $s$ unter Vernachlässigung des $+\,0{,}5\,s$ im Nenner des zweiten Gliedes auflösen und berechnen:

$$s = \frac{1}{4 \cdot r_i \cdot k_2} \pm \sqrt{\left(\frac{1}{4 \cdot r_i \cdot k_2}\right)^2 - \frac{k_1 + 1 - D/d}{k_2}}$$

$$-\frac{1}{4 \cdot 40 \cdot 0{,}02} \pm \sqrt{\left(\frac{1}{3{,}2}\right)^2 + \frac{-0{,}04 - 1 + 50/47}{0{,}02}}$$

$$= 0{,}313 + 1{,}16 = 1{,}47 \cong 1{,}5 \text{ mm}$$

Die Abb. 27 zeigt für $D = 50$ und $r_i = 40$ mm sechs Kalotten, von denen die eine mit $s = 1{,}25$ mm am äußeren Rande noch Spuren von Falten aufweist, während die nächste eines $s = 2{,}0$ mm völlig faltenfrei ist.

Rechnerisch wesentlich schwieriger ist es, bei gegebener Blechdicke $s$ und Scheibendurchmesser $D$ die kleinstmögliche Rundung $r_{i\,\text{min}}$ mit dem zugehörigen $d$ festzustellen.

Für einen solchen Fall ist die Bestimmung auf Grund eines Diagrammes nach Abb. 26 allein sehr viel einfacher. Dies zeigt folgendes Beispiel:

Aus einer 2,0 mm dicken Stahlblechscheibe mit $D = 50$ mm Dmr. sei ein kugelkappenartiges Teil möglichst stark gewölbt anzufertigen, ohne daß eine Falten-

bildung eintritt. In Abb. 26 sind an der äußersten rechten Ordinate eines $s = 2,0$ mm
die Punkte für $D = 50$ mm durch Kreise bezeichnet. Die gestrichelte Grenzkurve schneidet diese Ordinate zwischen $r_i = 32$ mm und $r_i = 40$ mm etwa bei
$r_i = 35$ mm. Dies entspricht auch den in Abb. 28 dargestellten mit verschieden
großen $r_i$ gepreßten Kugelkappen. Zur Veranschaulichung des Unterschiede-
zwischen den Grenzkurven, die bei den früheren Versuchen mit Aluminiums
blechscheiben und bei den vorliegenden Versuchen mit Tiefziehstahlblechen ge-
wonnen wurden, sind in Abb. 29 die beiden stärker gestrichelten Kurven unter

Abb. 27 Verschieden dicke Versuchskörper aus Tiefziehstahlblech eines $D = 50$ mm
und $r_i = 40$ mm
obere Reihe $s_0 = 0,5$; $0,75$; $0,88$ mm
untere Reihe $s_0 = 1,0$; $1,25$; $2,0$ mm

den gleichen Ordinatenbezeichnungen wie in Abb. 26 gegenübergestellt. Zusätzlich wurden weitere mutmaßliche Kurven für Werkstoffe eines $\sigma_B = 25$ und
50 kp/mm$^2$ als dünngestrichelte Kurve im Wege der Interpolation und Extra-
polation angenommen, die vermutlich die Abgrenzung des faltenlosen Bereiches
darstellen. Abb. 29 bezieht sich dabei nur auf jene Versuche in Iserlohn, wo mit
einem kleinen Modellwerkzeug und einer Kissenhöhe von 63 mm bei einem
Kissendurchmesser von 71,5 mm und einem elastischen Werkstoff einer Shore-
Härte von 55° bei 20 Mp Preßkraft gearbeitet wurde.

50

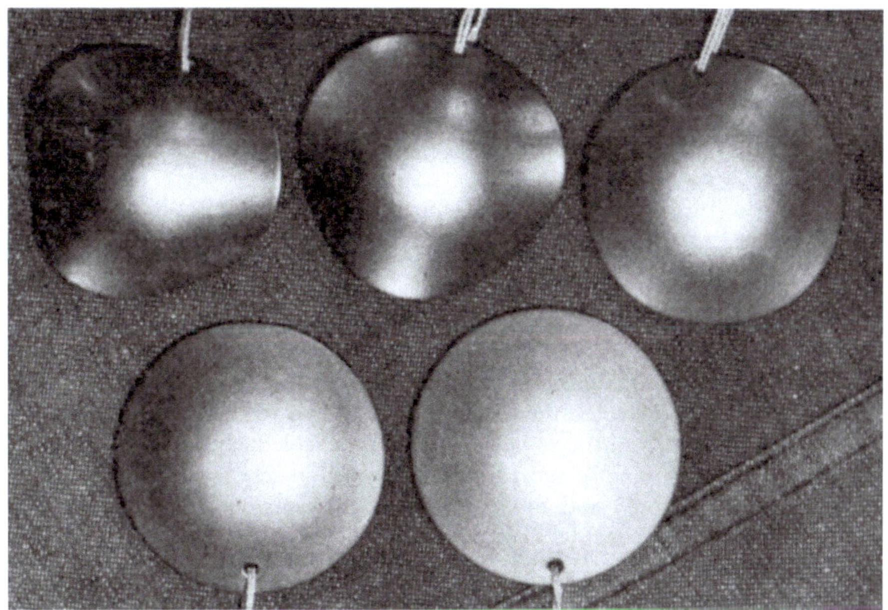

Abb. 28 Verschieden gerundete Versuchskörper aus Tiefziehstahlblech eines
$D = 50$ mm und $s_0 = 2$ mm
obere Reihe $r_i = 20, 25, 32$ mm     untere Reihe $r_i = 40, 63$ mm

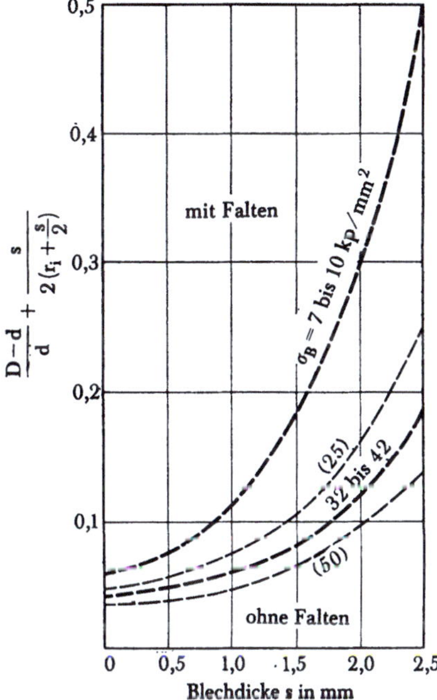


Abb. 29  Vermutliche Lage der Grenzkurve bei verschiedenen $\sigma_B$-Werten

# 11. Einfluß der Höhe und Härte des elastischen Druckmittels auf die Faltenfreiheit

Um weiterhin den Einfluß der Höhe und der Härte des Gummikissens auf die faltenreiche Gestaltung von kugelkappenförmigen Böden aus Aluminium- und Tiefziehstahlblech zu untersuchen, wurden mit den gleichen pilzförmigen Werkzeugen des Halbmessers $r = 25$ mm Aluminiumblechscheiben und des Halbmessers $r = 40$ mm Stahlblechscheiben bei einer Preßkraft von 20 Mp zu kugelabschnittförmigen Kappen umgeformt. Die Bleche waren verschieden dick ($s = 0,5$; $1,0$ und $2,0$ mm) und wiesen einen unterschiedlichen Zuschnittsdurchmesser ($D = 40$, $50$ und $60$ mm) auf. Bei diesen Versuchen wurden die Kissenhöhe (KH = 25, 40, 63 und 100 mm) und die Kissenhärte (55, 65, 70 und 85° Shore) verändert.

Während die Grenzkurven zu Abb. 26 und 29 über der Blechdicke aufgetragen wurden, wobei sich die Grenzkurvenordinate auf einen Ausdruck bezog, der sich aus theoretischen Überlegungen hinsichtlich der eine Faltenbildung begünstigenden und sie verhindernden Faktoren ergab, so erschien hier zur Übertragung der Versuchsergebnisse auf Grund von Ähnlichkeitsbeziehungen auf größere Formteile eine Auswertung über den Kugelabschnittswinkel $\varphi$ als gegeben. Die geometrischen Beziehungen von $\varphi$ in Abhängigkeit von $r = 25$ und $40$ mm sowie $D = 40$, $50$ und $60$ mm sind auf Grund von Gl. (10) in Abb. 30 ersichtlich, wo die zugehörigen Werte für $\varphi$, $d$ und $h$ ausgerechnet und eingetragen sind. Bei dieser Berechnung wurde die Blechdicke nicht berücksichtigt, auf Grund deren in Verbindung mit der Auffederung mit einem Zuschlag zu $d$ von etwa 1 mm bei den einzelnen umgeformten Scheiben zu rechnen ist, wie dies auch Nachmessungen bestätigten. Als Ordinatenmaßstab für die Grenzkurven ist hier die Blechdicke angegeben.

Zunächst wurden die Grenzkurven ermittelt, die den linken oberen faltenfreien Bereich gegen den mit Falten versehenen rechts unten abgrenzen. Die Grenzkurven verschiedener Kissenhöhe liegen sowohl für die Stahlblechteile als auch für die Aluminiumblechteile ziemlich dicht beieinander. Die Werte streuen dabei so stark, daß der Unterschied zwischen kleiner und größerer Kissenhöhe kaum so klar hervortritt, wie dies in den räumlichen Diagrammen Abb. 33–36 zum Ausdruck kommt. Es bleibt überhaupt einer sehr individuellen Schätzung überlassen, ob man sich dafür entscheidet, daß das Teil völlig faltenfrei ist oder bereits Spuren einer beginnenden Faltung aufweist. Der Unterschied der Versuchsergebnisse bei veränderlicher Kissenhöhe ist jedenfalls geringfügig und könnte in diesen Bereichen beinahe vernachlässigt werden. Trotz der verhältnismäßig hohen Verformungstiefe haben sich Kissenhöhen bewährt, die kaum größer als die Verformungstiefe sind. Kissen geringerer Höhe zeigen beinahe ein günstigeres Er-

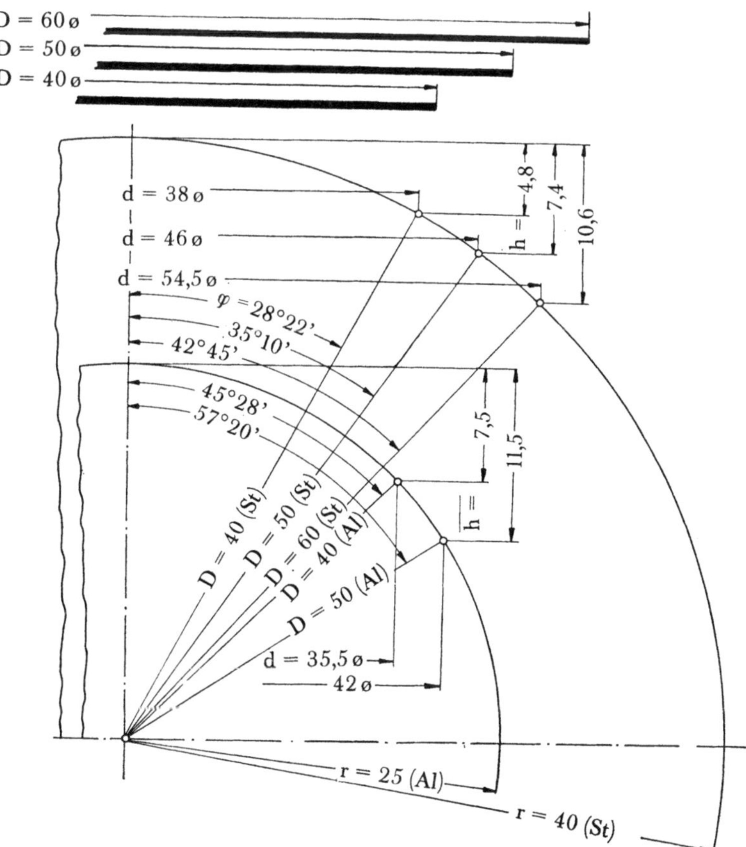


Abb. 30   Kugelabschnittwinkel $\varphi$ in Abhängigkeit von $D$ und $r$

gebnis als dickere Kissen. Hinsichtlich der Lebensdauer müßte diese allerdings noch durch Versuche überprüft werden.

Wenn an Stelle der Grenzkurven für KH = 25 und KH = 100 mm eine Mittelwertkurve angenommen würde, so wäre eine solche Vereinfachung unbedenklich, da der Unterschied der einzelnen Kurven bei veränderter Kissenhöhe auf das Ergebnis der Faltenbildung kaum von Einfluß ist. So zeigt Abb. 31 bei 20 Mp Stößelkraft hohlgeprägte Tiefziehstahlblechscheiben einer Dicke von 0,5 mm in der oberen, von 1,0 mm in der mittleren und von 2,0 mm in der unteren Reihe eines Zuschnittsdurchmessers von 50 mm, die mit verschieden hohen Kissen einer Härte von 65° Shore umgeformt wurden. Von links nach rechts kennzeichnen die vier senkrechten Reihen die Kissenhöhen von 25, 40, 63 und 100 mm. Dieses Bild beweist, wie gering der Einfluß der Kissenhöhe auf das Umformergebnis und insbesondere auch auf die Faltenbildung ist.

Stärker wirkt sich der Einfluß der Shore-Härte aus. Im Bereich von 55 bis 70° Shore nimmt die Faltenfreiheit zwar nur unwesentlich zu, doch ist von hier ab ein erheblicher Unterschied bis zu 85° Shore zu beobachten.

Abb. 32 zeigt hierzu ebenso wie Abb. 31 drei waagerechte Reihen von Prüf-
körpern eines Zuschnittsdurchmessers $D = 70$ mm übereinander zu je 4 Kappen,
wobei die Körper der oberen Reihe eine Blechdicke von 0,5 mm, die der mittleren
eine solche von 1,0 mm und die der unteren eine Dicke von 2,0 mm aufweisen.
Die senkrechten Reihen von links nach rechts beziehen sich auf das Prägen mit
25 mm hohen Kissen verschiedener Härtegrade von 55°, 65°, 70° und 85°. Es
ist hiernach bewiesen, daß mit zunehmender Härte des elastischen Druckmittels
die Faltenbildung eingeschränkt wird.

Bei einer Arbeit von SOEHNLE [17] über das Plastoformverfahren, die die Blechumformung kegelförmiger, mit einer Kugelkappe abschließender Blechteile unter
erhöhtem Querdruck betraf, zeigte sich, daß mit zunehmender Festigkeit der
Unterlage der Querdruck wächst und auch damit größere Formänderungen möglich sind. Durch Verringerung der Unterlagenhöhe wird die maximal mögliche
Oberflächenvergrößerung ebenfalls erhöht. Es leuchtet ein, daß ein harter Werkstoff einer Faltenbildung größeren Widerstand entgegensetzt als ein weicher, und
daß eine dünne Platte bei gleichem Druck weniger ausweichen wird als eine
dickere. Daher werden sich dünne und harte elastische Platten günstiger ver-

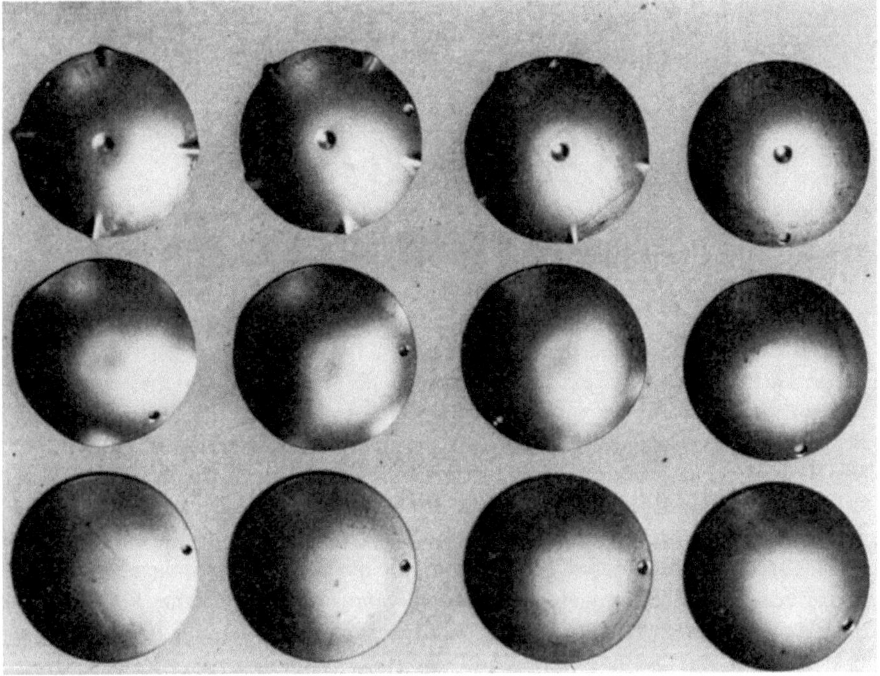

Abb. 31   Bei verschiedener Kissenhöhe (KH) umgeformte Stahlblechteile
        $D = 50$ mm, 65° Shore, obere Reihe $s = 0,5$ mm,
        mittlere Reihe $s = 1,0$ mm, untere Reihe $s = 2,0$ mm,
        senkrechte Reihen von links nach rechts KH = 25, 40, 63, 100 mm

halten als dicke und weiche, soweit es sich um die Vermeidung von Falten beim Umformen von Blechen mittels elastischer Druckmittel handelt. Freilich darf eine gewisse Dicke nicht unterschritten werden. Bei Plattendicken unter 25 mm beginnt bereits eine gegengerichtete Tendenz, d. h. die Faltenbildung nimmt dann sehr stark zu, da bei hohen Preßdrücken dünne Kissen diese Drücke nicht mehr auf das Blech zu übertragen vermögen.

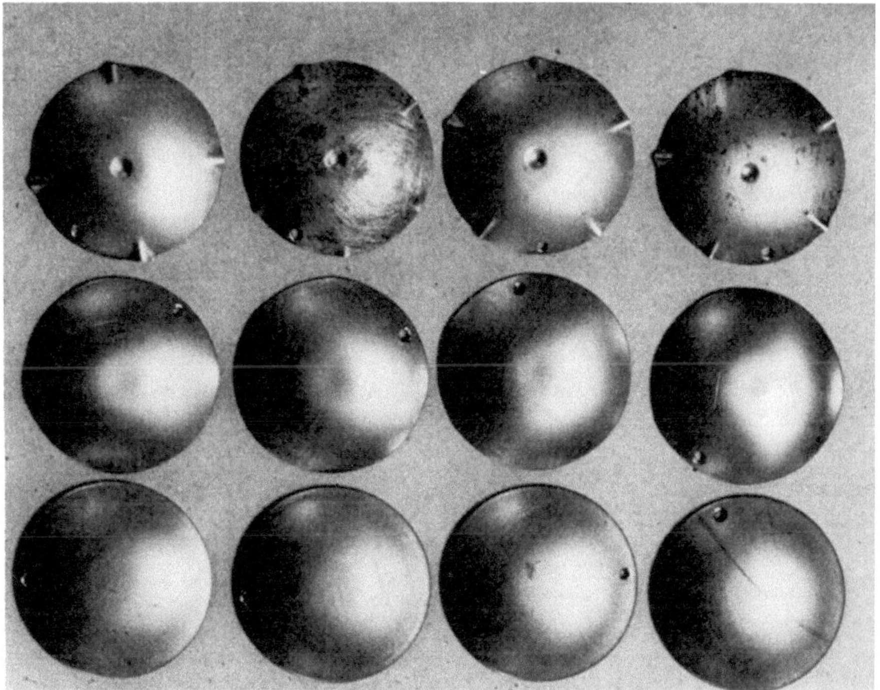

Abb. 32  Bei verschiedener Kissenhärte (H) umgeformte Stahlblechteile
$D$ = 50 mm, KH = 25 mm, obere Reihe $s$ = 0,5 mm,
mittlere Reihe $s$ = 1,0 mm, untere Reihe $s$ = 2,0 mm,
senkrechte Reihen von links nach rechts $H$ = 55°, 65°, 70°, 85° Shore

In den räumlichen Diagrammen zu Abb. 33–36 ist in der waagerechten $X$-Achse der Halbkugelabschnittswinkel $\varphi$, auf der senkrechten $Y$-Achse die Blechdicke $s$ und auf der schrägen $Z$ Achse die Kissenhöhe aufgetragen. An Stelle der Kissenhöhe zeigen die räumlichen Diagramme zu Abb. 37 und 38 die Kissenhärte in Shore-Graden.
Während die Raumdiagramme zu Abb. 33–36 einen beinahe gleichmäßigen Flächenverlauf und ein paralleles Verhalten der Aluminiumblechscheiben zu den Stahlblechscheiben zeigen, ergeben Abb. 37 und 38 auffälligere gegenseitige Verschiebungen, d. h. der Unterschied in der Kissenhärte wirkt sich stärker als derjenige in der Kissenhöhe aus.

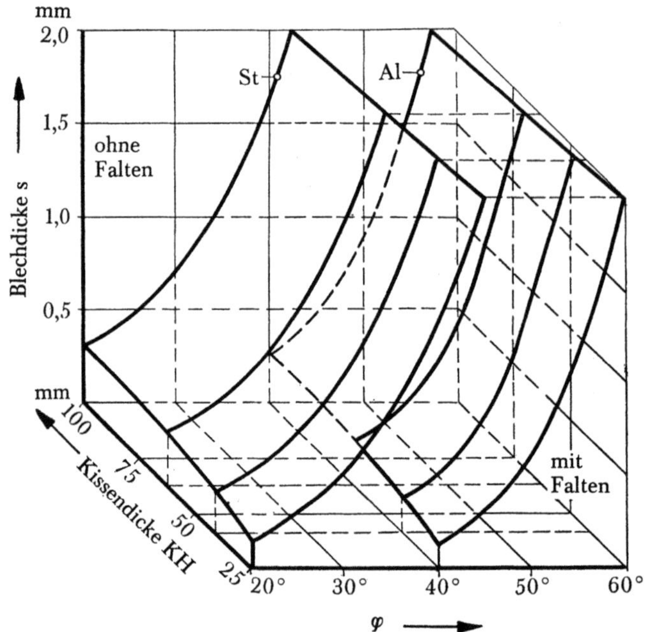


Abb. 33 Grenzfläche einer beginnenden Faltenbildung bei einer Kissenhärte von 55° Shore

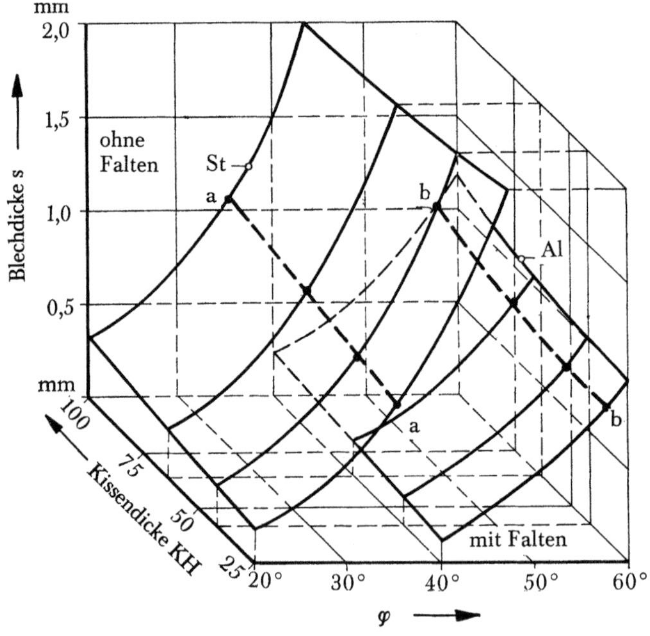


Abb. 34 Grenzfläche einer beginnenden Faltenbildung bei einer Kissenhärte von 65° Shore
$a — a$ und $b — b$ für $D = 50$ mm

56

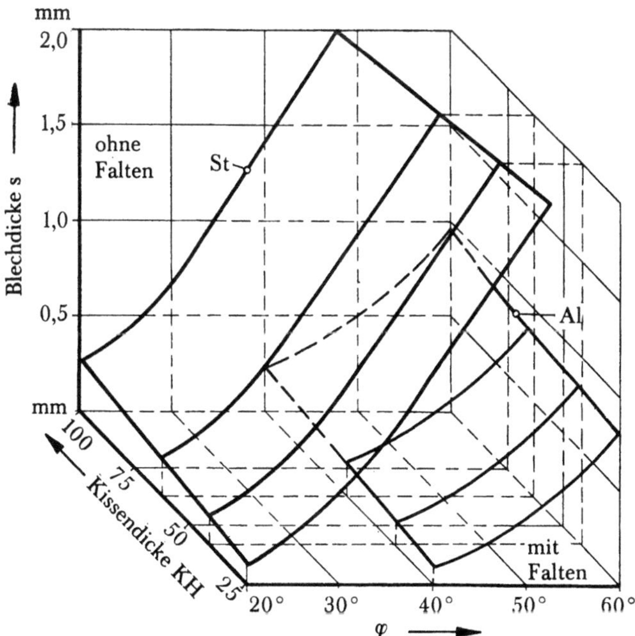

Abb. 35   Grenzflächen einer beginnenden Faltenbildung bei einer Kissenhärte von 70° Shore

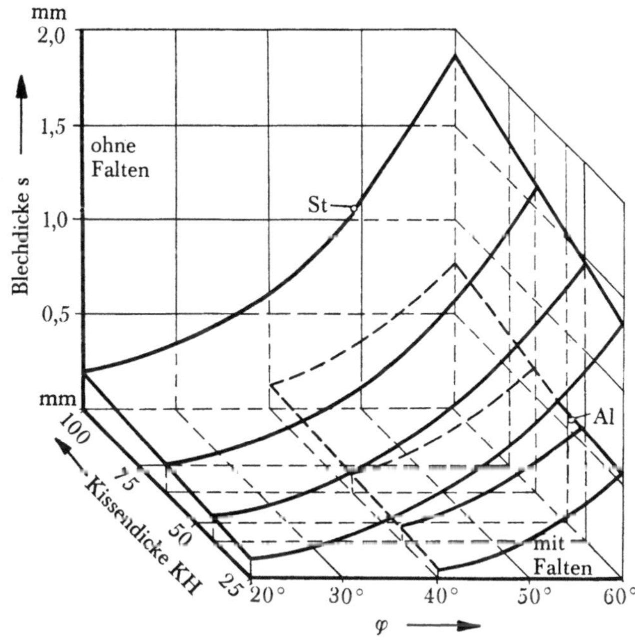

Abb. 36   Grenzflächen einer beginnenden Faltenbildung bei einer Kissenhärte von 85° Shore

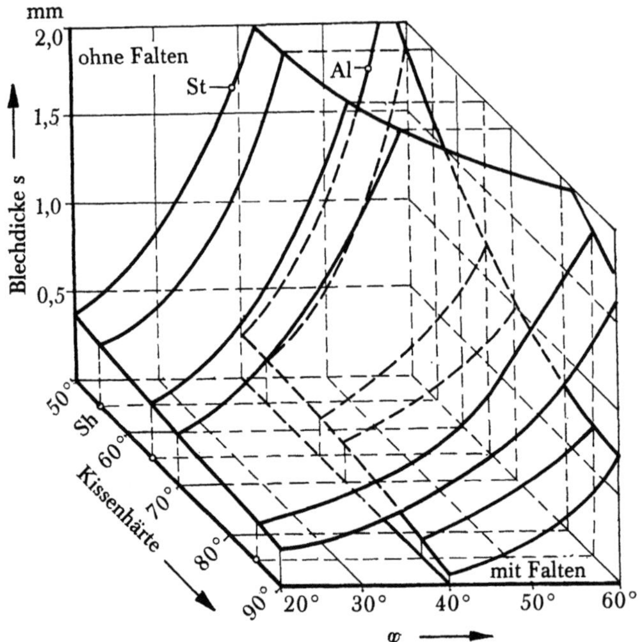



Abb. 37   Grenzflächen beginnender Faltenbildung bei einer Kissenhöhe KH = 100 mm

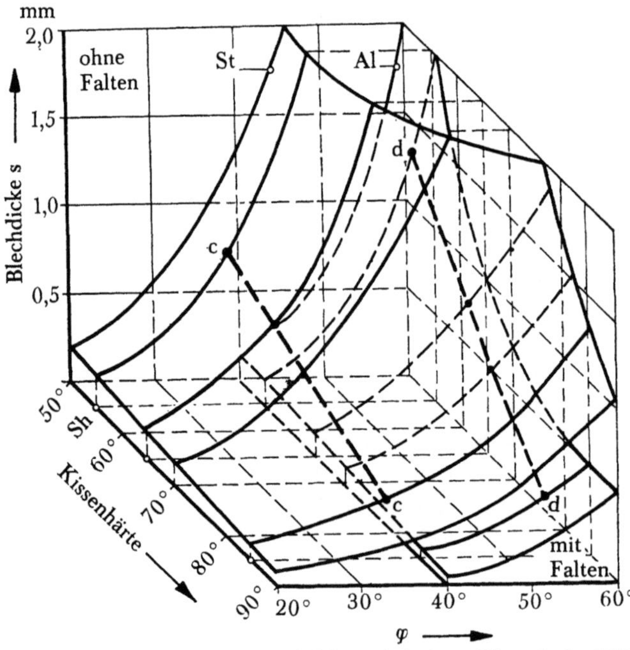



Abb. 38   Grenzflächen beginnender Faltenbildung bei einer Kissenhöhe KH = 25 mm
$c — c$ und $d — d$ für $D = 50$ mm

# 12. Einfluß der Preßkraft auf die Faltenfreiheit

Schließlich wurde der Einfluß der Preßkraft auf die faltenfreie Gestaltung von kugelkappenförmigen Böden bei verschieden hohen und verschieden harten Gummikissen untersucht. Bei den bisher geschilderten Versuchen wurde durchschnittlich mit einer Stößelkraft der verwendeten Presse von 20 Mp gearbeitet. Um die Versuche unter Veränderung der Preßkraft mit den bisherigen Ergebnissen vergleichen zu können, wurden nach Möglichkeit die bisherigen Versuchsbedingungen beibehalten, d. h., es wurden mit den gleichen pilzförmigen Werkzeugen des Halbmessers $r_i = 25$ mm Aluminiumblechscheiben und des Halbmessers $r_i = 40$ mm Stahlblechscheiben zu kugelabschnittförmigen Kappen umgeformt. Die Bleche waren verschieden dick ($s = 0,5$ mm, $1,0$ mm und $2,0$ mm) und wiesen einen unterschiedlichen Zuschnittsdurchmesser auf ($D = 40$, 50 und 60 mm). Bei diesen Versuchen wurde die Kissenhöhe (KH = 25 und 100 mm), die Kissenhärte (55 und 85° Shore) und die Preßkraft (2, 5, 8, 12,5 und 20 Mp) verändert. Der Unterschied der Versuchsergebnisse bei veränderlicher Preßkraft

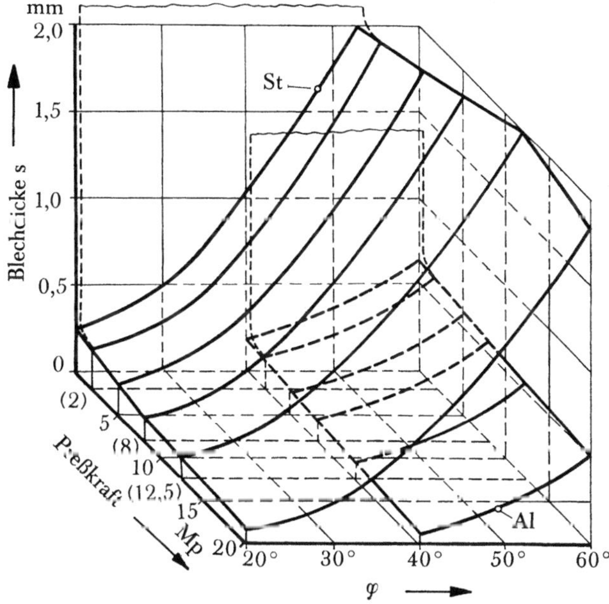


Abb. 39  Grenzflächen einer beginnenden Faltenbildung bei einer Kissenhärte von 85° Shore und einer Kissenhöhe von 100 mm

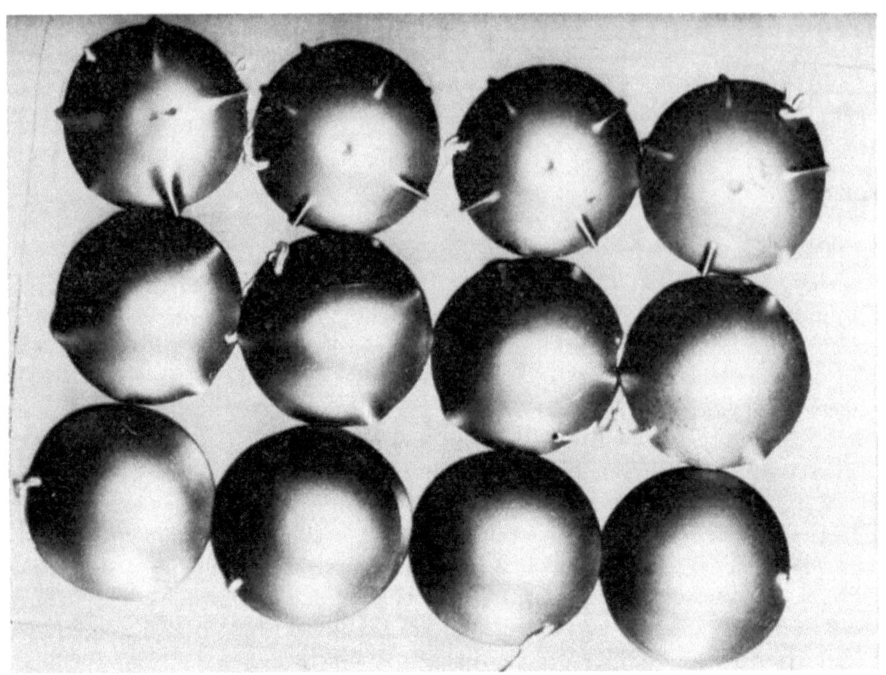

Abb. 40  Tiefziehstahlblechteile eines Zuschnittsdurchmessers $D = 60\,\text{mm}$, einer
Kissenhärte von 55° Shore und einer Kissenhöhe von 25 mm
von oben nach unten $s = 0,5$; 1,0 und 2,0 mm
von links nach rechts $P = 2,5$; 5,8 und 12,5 Mp

ist ebenso wie bei der Kissenhöhe jedenfalls geringfügig und könnte in diesen
Bereichen beinahe vernachlässigt werden. Trotz der relativ hohen Verformungstiefe haben sich Preßkräfte noch bewährt, die 10% der dafür üblichen Höchst-
kraft betragen (2 Mp gegenüber 20 Mp).
Abb. 39 zeigt ein solches räumliches Diagramm, wo in Übereinstimmung mit
Abb. 33–38 auf der senkrechten Ordinate die Blechdicke $s$ und auf der waagerechten Abszisse der halbe eingeschlossene Kugelabschnittswinkel $\varphi$ aufgetragen
ist. Infolge des geringen Unterschiedes hinsichtlich der auf der schrägen Achse
aufgetragenen Preßkraft zwischen 20 und 2 Mp verlaufen die Kennlinien beinahe
entsprechend einer waagerechten Geraden, so daß man in deren Verlängerung an-
nehmen könnte, daß selbst bei $P = 0$ noch eine Umformung stattfindet. Dies ist

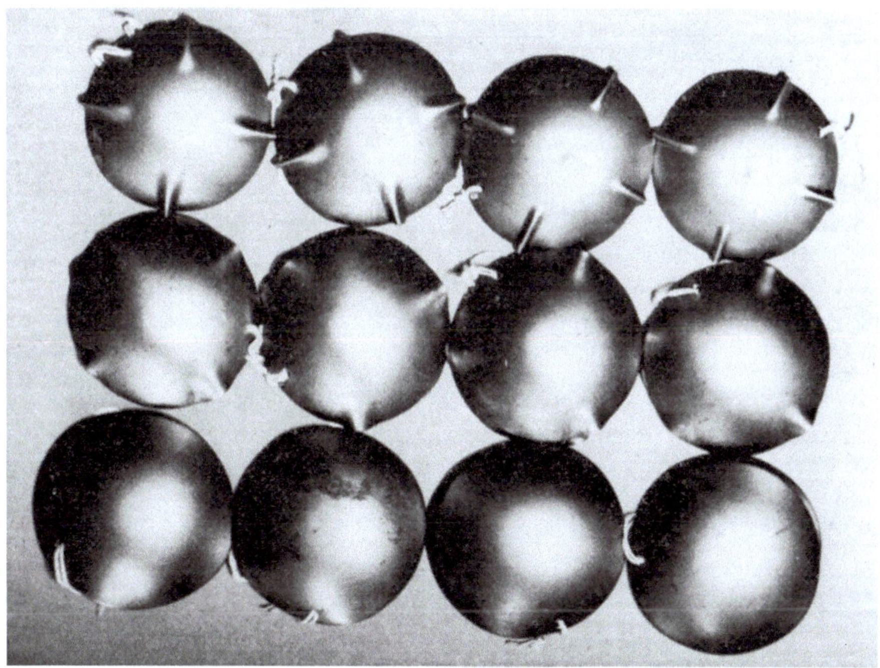

Abb. 41  Tiefziehstahlblechteile eines Zuschnittdurchmessers $D = 60$ mm, einer
Kissenhärte von 55° Shore und einer Kissenhöhe von 100 mm
von oben nach unten $s = 0,5$; $1,0$ und $2,0$ mm
von links nach rechts $P = 2,5$; $5,8$ und $12,5$ Mp

selbstverständlich nicht der Fall, sondern die Flächencharakteristiken biegen vor
der Ebene, wie hier gestrichelt angedeutet, scharf nach oben ab.

Wie gering tatsächlich der Einfluß der Preßkraft ist, zeigen Abb. 40 bis Abb. 43.
Auch hier sind in Übereinstimmung mit den früheren Abb. 27, 28, 31 und 32 in
der oberen Reihe 0,5 mm dicke, in der mittleren 1,0 mm dicke, in der unteren
Reihe 2,0 mm dicke halbrund geprägte Tiefziehstahlblechteile zu sehen, die allerdings hier einen Zuschnittsdurchmesser von $D = 60$ mm im Gegensatz von
50 mm in den vorausgehenden Bildern aufweisen. Von links nach rechts betrachtet wurden die Teile mit $P = 2,0$; $5,0$; $8,0$ und $12,5$ Mp Stößelkraft geprägt. Diese Bilder kennzeichnen den geringen Einfluß der Preßkraft, den kaum
höheren der Kissendicke und den etwas größeren der Kissenhärte.

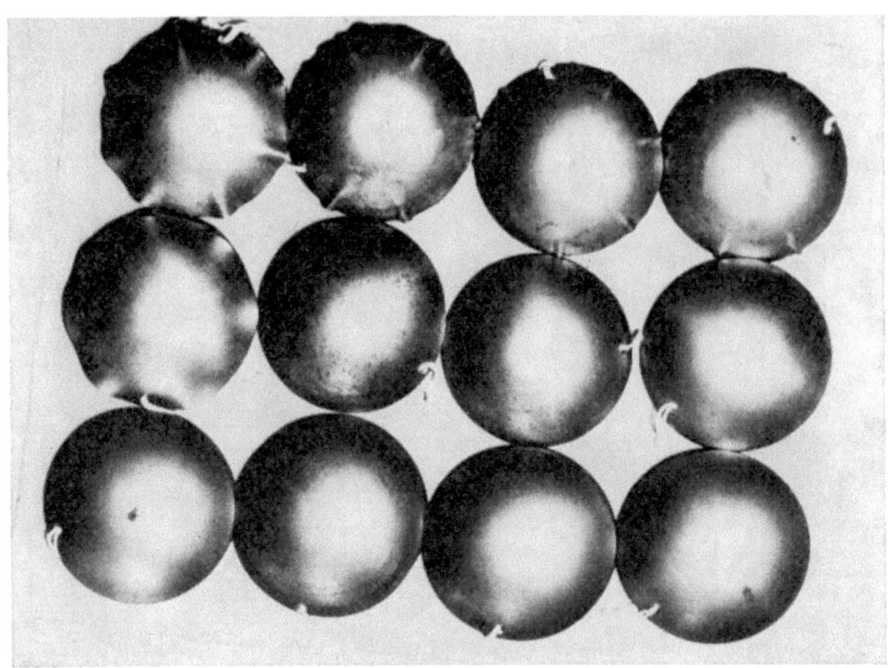

Abb. 42 Tiefziehstahlblechteile eines Zuschnittsdurchmessers $D = 60$ mm, einer Kissenhärte von 85° Shore und einer Kissenhöhe von 25 mm
von oben nach unten $s = 0{,}5$; $1{,}0$ und $2{,}0$ mm
von links nach rechts $P = 2{,}5$; $5{,}8$ und $12{,}5$ Mp

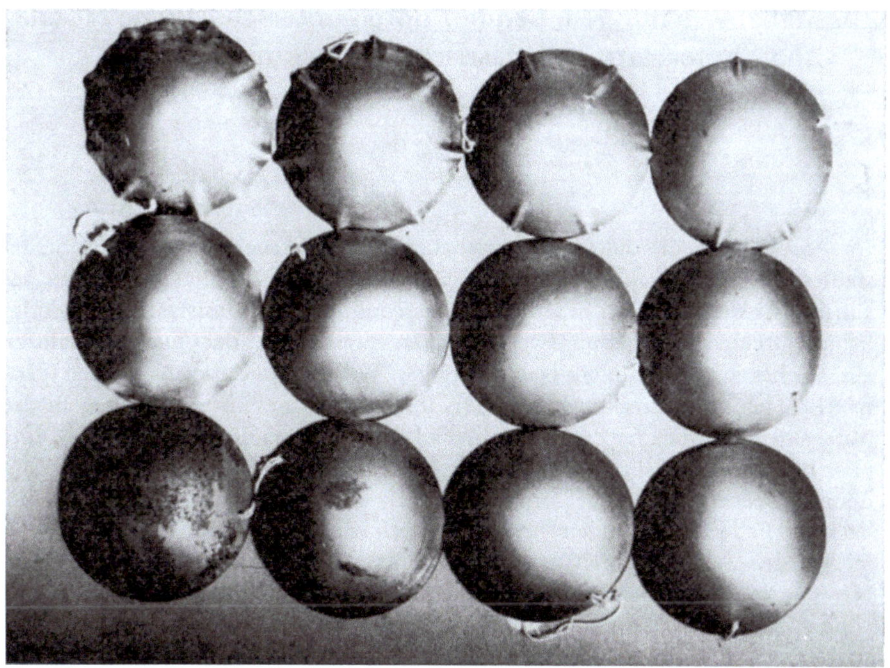

Abb. 43 Tiefziehstahlblechteile eines Zuschnittsdurchmessers $D = 60$ mm, einer
Kissenhärte von 85° Shore und einer Kissenhöhe von 100 mm
von oben nach unten $s = 0,5; 1,0$ und $2,0$ mm
von links nach rechts $P = 2,5; 5,8$ und $12,5$ Mp

# 13. Maßabweichungen, bedingt durch unterschiedliche Höhe und Shore-Härte des elastischen Druckmittels

Im Anschluß an die zuletzt beschriebenen Modellversuche wurden die hergestellten Teile mittels kreisförmiger Scheibenlehren verschiedener Durchmesser auf ihre Abweichung hin geprüft. Die Messung war verhältnismäßig schwierig. Einmal streuten die Ablesungswerte sehr stark; ferner wies der Querschnitt durch ein solches unter Gummikissen gepreßtes Werkstück durchaus keinen geometrisch genauen Kreisbogen auf. Die 0,5 mm dicken Stücke erhielten in der Mitte einen Eindruck im Zentrierloch, die 1,0 und 2,0 mm dicken Teile waren dort platt bzw. flach gedrückt. Bei sehr starker Faltenbildung und insbesondere an dünnen Blechen war die Messung noch relativ einfach, denn dort verblieb außerhalb der Falten ein genügend großer Bereich, der eine streuungsfreie Messung mittels der Scheibenlehren ermöglichte. Bei den dicken Blechen wurde die Messung schon schwieriger und ganz besonders dort, wo die Faltenbildung nur noch andeutungsweise wahrgenommen werden konnte. Hier konnte man günstigstenfalls von einem minimalen Lehrendurchmesser als Meßwert ausgehen. Hinzu kam bei den dicken Teilen, also solchen von 2,0 mm Wanddicke, daß diese insbesondere bei geringen Drücken leicht abspreizten. Diese Abspreizung trat jedoch nur im Bereich des äußeren Umfanges auf; im inneren Bereich schmiegte sich der Werkstoff durchaus – teilweise sogar recht gut – den Werkzeugabmessungen an.

Das ausgewertete Ergebnis dieser Messung ist in Abb. 44 für die Tiefziehstahlbleche niedergelegt. Für das weiche Aluminiumblech war die Ausweichung so gering, daß auf die Aufstellung eines solchen Diagramms verzichtet werden konnte. Äußerstenfalls wurde bei den 2,0 mm dicken Aluminiumblechen eines Zuschnittes von $D = 40$ mm und $\varphi = 45°28'$ für die niedrigere Kissenhärte von 55° Shore eine leichte Abweichung am Rande bis zu 1 mm beobachtet. Da aber auch hier die Werte so stark streuten, erschien eine Fassung im Rahmen eines Diagrammes als unmöglich.

Bei den Stahlblechproben war gemäß Abb. 44 eine Tendenz schon deutlicher wahrzunehmen. Es war an erster Stelle ein großer Unterschied zwischen den Körpern kleinen Zuschnittes $D = 40$ mm ($\varphi = 28°22'$) gegenüber denen von $D = 50$ mm ($\varphi = 35°10'$) sichtbar. Die Werte für $D = 60$ mm ($\varphi = 42°45'$) lagen noch tiefer. Jedoch trat der Unterschied zwischen den Körpern zu $D = 50$ mm nicht so stark in Erscheinung, weshalb im Rahmen der Diagramm-Aufstellung auf die Teile zu $D = 60$ mm verzichtet wurde. Ein zusätzlicher Eintrag dieser Kurvenflächen hätte die Übersicht noch mehr erschwert. Fast unerheblich ist der Unterschied in bezug auf die Kissenhöhe, obwohl hier zwei sehr unterschiedliche Kissenhöhen von 100 mm und 25 mm gegenübergestellt werden. Etwas größer

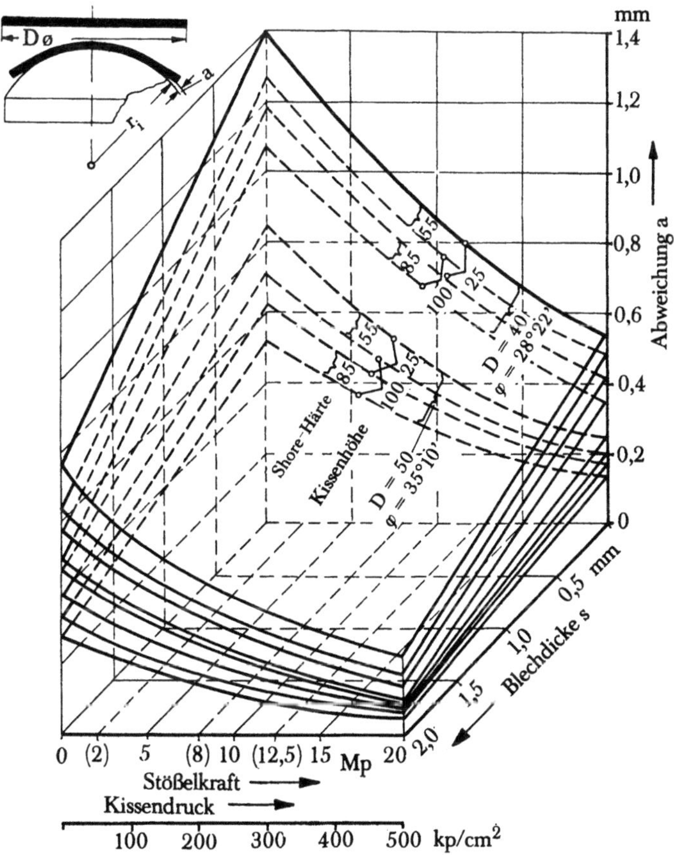


Abb. 44   Abweichung $a$ von der Kalottenfläche bei Tiefziehstahlblech

ist schon der Unterschied in bezug auf die Shore-Härte. Bemerkenswert ist zwar
der Abfall der Abweichung bei zunehmender Stößelkraft bzw. bei zunehmendem
Kissendruck. Jedoch ist der Unterschied beispielsweise zu 20 Mp keinesfalls so
groß, wie man hätte erwarten müssen. Die Abweichung bei 2 Mp bzw. etwa
50 kp/cm² Kissendruck gegenüber 20 Mp Stößelkraft und 500 kp/cm² Kissendruck entspricht nach den Kräften etwa dem Verhältnis 1 : 10, doch wirkt sich
dieser Unterschied hinsichtlich der Abweichung $a$ nur wie 2 : 1 aus.

Bei der Betrachtung des räumlichen Diagrammes zu Abb. 44 mag immerhin die
Tendenz überraschen, daß gerade bei geringer Blechdicke die Abweichung größer
wird, obwohl angenommen werden könnte, daß sich das dünne Blech besser an
die Form als dickeres anschmiegt. Die Ursache liegt offensichtlich in der Rückfederung begründet; der Rückfederungsfaktor hängt weitestgehend von dem
Verhältnis $r_i/s$ ab, d. h. der $K$-Wert nach SACHS nimmt mit zunehmendem $r_i/s$ Verhältnis ab. Die Rückfederung wird infolge des Anteils an Restelastizität größer,

65

worüber hier wiederholt berichtet wurde [18]. Ebenso wie zu Abb. 39 wurde
zu Abb. 44 nach den Werten $P = 0$ und $s = 0$ nur in Fortführung der hier ge-
messenen Meßwerte extrapoliert, um die Tendenz der einzelnen Einflußgrößen
klarer herauszustellen. Bei der starken Streuung der Werte war es überhaupt
schwer, die verschiedenen Einflüsse der Größe nach an Hand von Schaubildern
zum Ausdruck zu bringen.

# Zusammenfassung

Die Herstellung von napfförmigen und kugelabschnittförmigen Teilen unter elastischen Druckmitteln aus Stahl- und Aluminiumblechen (Al 99 w) im Modellversuch ergab:

1. Körperhöhe, Blechdicke und Krümmungsradius haben einen sehr viel größeren Einfluß auf die Faltenbildung als die Härte des Kissens.

2. Gegenüber dem herkömmlichen Tiefziehverfahren zeigen die unter elastischen Druckmitteln angefertigten Blechformteile größere Maßabweichungen. Dies wurde am Rande der hergestellten Teile mittels Scheibenlehren nachgewiesen.

3. Für die Praxis ist als wichtigstes Ergebnis, auf das inzwischen gelegentlich der Beratung von Blechbearbeitungsbetrieben auch erfolgreich hingewiesen wurde, herauszustellen, *daß bei einer Umformung mittels Gummikissen faltenfreie Teile mit niedrigen und harten Kissen leichter gelingen als mit hohen und weichen Kissen.* Rein gefühlsmäßig widerspricht dieses Ergebnis scheinbar. Doch darf nicht übersehen werden, daß hohe und weiche Gummikissen infolge eines größeren Aufwandes an Formänderung viel unnötigen Kraftaufwand erfordern und an den einzelnen Stellen verschieden hohen Widerstand einer Umformung und einer Faltenbildung entgegensetzen.

4. Der Einfluß der Preßkraft wurde bisher überschätzt. In Anbetracht einer wirtschaftlich noch tragbaren Verschleißdauer wurden als höchstzulässige Preßdrücke bisher für Aluminiumblech 200 kp/cm² und für Tiefziehstahlblech 350 kp/cm² empfohlen. Auf Grund der Versuche können diese Drücke unbedenklich unterschritten werden. Ist beispielsweise ein Gummikissen einer bestimmten Größe vorhanden, das für die zur Verfügung stehende Presse unter Zugrundelegung der Drücke von 200 bzw. 350 kp/cm² nicht ausreicht, kann eine Umformung mit geringeren Drücken gelingen, falls die Werkstücke keine zu scharf ausgeprägten Kanten aufweisen.

5. Die Modellversuche bestätigten die bisherige Erkenntnis, daß nur flache Teile sich mittels elastischer Druckmittel herstellen lassen. Für kugelkappenförmige Teile wurden Grenzkurven und Gleichungen gegenüber der Falten- und Rißanfälligkeit gefunden.

# Literaturverzeichnis

[1] SCHMIDT, G., Ins Innere von Kunststoffen, Kunstharzen und Kautschuken. Birkhäuser-Verlag, Basel 1949.

[2] SCHEELE, W., Rheologische Studien an lösungsmittelfreien Polymerisaten. Kautschuk und Gummi 4 (1951), H. 8, S. 282–293.

[3] ECKER, R., Temperaturabhängigkeit statischer und dynamischer Verformungseigenschaften von Kautschuk-Vulkanisaten und anderen Hochpolymeren. Kautschuk und Gummi 9 (1956), H. 1, S. 2–9, und H. 2, S. 31–38.

[4] Siehe hierzu Kautschuk und Gummi 6 (1953), H. 9, und SCHRAUD, A., Spannungsoptische Untersuchung der Beanspruchung von Gummimatrizen. Ind. Anz. 79 (1957), Nr. 50, S. 724–726.

[5] SPÄTH, W., Zum Verschleißverhalten von Gummi. Gummi und Asbest 2 (1953), S. 57–62. – ROTH, F.L., DRISCOLL und W.L. HOIT, Bureau Stand. F. Res. 28 (1942), S. 439. – SPÄTH, W., Der Reibungskoeffizient von Gummimischungen. Gummi und Asbest 6 (1953), H. 5, S. 188–194, und: Verschleiß von Gummi in Abhängigkeit von der Belastung. Gummi und Asbest 6 (1953), H. 4, S. 148–152.

[6] PHERSON und KLEMIN, Engineering uses of rubber. Reinhold, New York 1956, S. 91–95: Prüfverfahren für Härte und Plastizität.

[7] Das Umrechnungsschaubild (Durometer Shore-Weichheitszahlen) findet sich in Abb. 498 auf S. 496 des Buches OEHLER und KAISER, Schnitt-, Stanz- und Ziehwerkzeuge, 5. Aufl. (Springer-Verlag, Berlin 1966).

[8] GÖBEL, E.F., Berechnung und Gestaltung von Gummifedern, 2. Aufl. (Springer-Verlag, Berlin 1955), S. 24, Abb. 25.

[9] Tab. 2 ist ebenso wie Abb. 1 dem Buch OEHLER und KAISER, Schnitt-, Stanz- und Ziehwerkzeuge, 5. Aufl. (Springer-Verlag, Berlin 1966) entnommen, wo die Verfahren und die Werkzeuge über das Gummiziehen und -schneiden ausführlich beschrieben sind. Dort ist auch das verbesserte Gauvry-Diagramm unter Abb. 508 auf S. 500 zu finden.

[10] BEISSWÄNGER und SCHWANDT, Marform, ein neues Ziehwerkzeug. Mitt. Forsch.-Ges. Blechverarb. (1950), Nr. 35, S. 6–9. – SIEBEL, E., Zur Theorie des Marform-Verfahrens. Mitt. Forsch.-Ges. Blechverarb. (1950), Nr. 35, S. 9/10.

[11] SIEBEL, E., Probleme der Blechumformung. Mitt. Forsch.-Ges. Blechverarb. (1953), Nr. 10, S. 132, Abb. 9. – PANKNIN, W., Werkzeuge für die Anwendung des Hydroform-Verfahrens. Mitt. Forsch.-Ges. Blechverarb. (1956), Nr. 11, S. 126–131.

[12] Commercial Press for Hidraw. Modern Industrial Press (1953), Mai, S. 50–57.

[13] DICKINSON, A.T., New Forming process reduces tooling costs and noise. Sheet Metal Industries 30 (1953), Nr. 318, S. 899–902.

[14] Das Fluidform-Verfahren ist auf S. 492, Einlegedruckleisten und -Vorrichtungen sind auf S. 501-502 des Buches OEHLER und KAISER, Schnitt-, Stanz- und Ziehwerkzeuge, 5. Aufl. (Springer-Verlag, Berlin 1966) ausführlich beschrieben.

[15] BERGMANN, W., Spannungsfelder in Feinblechkonstruktionen. Mitt. Forsch.-Ges. Blechverarb. (1956), Nr. 21/22, S. 235.

[16] OEHLER, G.: Die Daeves-Häufigkeitskurve in der Blechgüteprüfung. Mitt. Forsch. Ges. Blechverarb. (1966) Nr. 12/13, S. 192.

[17] SOEHNLE, K.: Untersuchungen über ein Verfahren zur Verformung von Blechen unter erhöhtem Querdruck, sog. Plastoformverfahren. Diss. T. H. Stuttgart 1959.

[18] OEHLER, G.: Vergleich zwischen kalt und warm umgeformten Böden. Forschungsbericht des Landes Nordrhein-Westfalen (Westdeutscher Verlag 1966) Nr. 1613, S. 94–95.
OEHLER, G.: Untersuchungen über das V-Biegen von Blechen. Forschungsbericht des Landes Nordrhein-Westfalen (Westdeutscher Verlag 1966) Nr. 1698, S. 30–34, 43 (zu 3.).

# FORSCHUNGSBERICHTE
# DES LANDES NORDRHEIN-WESTFALEN

Herausgegeben im Auftrage des Ministerpräsidenten Dr. Franz Meyers
vom Landesamt für Forschung, Düsseldorf

## EISENVERARBEITENDE INDUSTRIE

**HEFT 39**
*Forschungsgesellschaft Blechverarbeitung e. V., Düsseldorf*
*Aus den Arbeiten des Instituts für Werkzeugmaschinen*
*an der Technischen Hochschule Hannover*
Untersuchungen an prägegemusterten und vorge-
lochten Blechen
*1953. 40 Seiten, 34 Abb. DM 9,50*

**HEFT 43**
*Forschungsgesellschaft Blechverarbeitung e. V., Düsseldorf*
Forschungsergebnisse über das Beizen von Blechen
*1953. 41 Seiten, 38 Abb., 3 Tabellen. Vergriffen*

**HEFT 51**
*Verein zur Förderung von Forschungs- und Entwicklungs-*
*arbeiten in der Werkzeugindustrie e. V., Remscheid*
Untersuchungen an Kreissägeblättern für Holz,
Fehler- und Spannungsprüfverfahren
*1953. 39 Seiten, 23 Abb. DM 10,—*

**HEFT 56**
*Forschungsgesellschaft Blechverarbeitung e. V., Düsseldorf*
Untersuchungen über einige Probleme der Behand-
lung von Blechoberflächen
*1953. 41 Seiten, 42 Abb. Vergriffen*

**HEFT 60**
*Forschungsgesellschaft Blechverarbeitung e. V., Düsseldorf*
Untersuchungen über das Spritzlackieren im elek-
trostatischen Hochspannungsfeld
*1954. 82 Seiten, 53 Abb., 7 Tabellen. Vergriffen*

**HEFT 61**
*Verein zur Förderung von Forschungs- und Entwicklungs-*
*arbeiten in der Werkzeugindustrie e. V., Remscheid*
Schwingungs- und Arbeitsverhalten von Kreissägeblättern für Holz I
*1953. 43 Seiten, 31 Abb. DM 11,40*

**HEFT 65**
*Fachverband Schneidwarenindustrie, Solingen*
Untersuchungen über das elektrolytische Polieren
von Tafelmesserklingen aus rostfreiem Stahl
*1954. 79 Seiten, zahlreiche Abb., 9 Tabellen.*
*DM 17,35*

**HEFT 87**
*Gemeinschaftsausschuß Verzinken, Düsseldorf*
Untersuchungen über Güte von Verzinkungen
*1954. 56 Seiten, 56 Abb., 3 Tabellen. Vergriffen*

**HEFT 98**
*Fachverband Gesenkschmieden, Hagen*
Die Arbeitsgenauigkeit beim Gesenkschmieden
unter Hämmern
*1954. 117 Seiten, 55 Abb., 9 Tabellen. DM 24,75*

**HEFT 116**
*Prof. Dr.-Ing. E. Siebel und Dr.-Ing. Helmut Weiss,*
*Stuttgart*
Untersuchungen an einigen Problemen des Tief-
ziehens — I. Teil
*1955. 59 Seiten, 50 Abb., 6 Tabellen. DM 14,50*

**HEFT 117**
*Dr.-Ing. H. Beißwänger, Stuttgart und*
*Dr.-Ing. S. Schwandt, Trier*
Untersuchungen an einigen Problemen des Tief-
ziehens — II. Teil
*1954. 77 Seiten, 34 Abb., 8 Tabellen. DM 17,70*

**HEFT 150**
*Prof. Dr.-Ing. Otto Kienzle und*
*Dipl.-Ing. F. Wilhelm Timmerbeil, Hannover*
Das Durchziehen enger Kragen an ebenen Fein-
**und** Mittelblechen
*1955. 39 Seiten, 20 Abb., 8 Tabellen. DM 11,30*

**HEFT 177**
*Dipl.-Ing. Hans Stüdemann, Solingen, und*
*Dr.-Ing. W. Müchler, Essen*
Entwicklung eines Verfahrens zur zahlenmäßigen
Bestimmung der Schneideigenschaften von Messer-
klingen
*1956. 92 Seiten, 68 Abb., 4 Tabellen. DM 22,20*

HEFT 224
*Dipl.-Ing. Hans Stüdemann und Ing. R. Beu, For-*
*schungsinstitut für die Schneidwarenindustrie an der*
*Fachschule für Metallgestaltung und Metalltechnik,*
*Solingen*
Verfahren zur Prüfung der Korrosionsbeständig-
keit von Messerklingen aus rostfreiem Stahl
*1956. 82 Seiten, 28 Abb. DM 16,90*

HEFT 225
*Dr.-Ing. Eginhard Barz, Remscheid*
Der Spannungszustand von Gattersägeblättern
*1956. 63 Seiten, 54 Abb. DM 16,50*

HEFT 277
*Dr.-Ing. W. Müchler, Forschungsinstitut für Metall-*
*gestaltung und Metalltechnik, Solingen*
*Direktor: Dipl.-Ing. Hans Stüdemann*
Untersuchung und zahlenmäßige Bestimmung der
Schneideigenschaften von Messern mit besonderer
Berücksichtigung rostfreier Messerstähle
*1956. 47 Seiten, 27 Abb., 5 Tabellen. DM 13,20*

HEFT 283
*Prof. Dr. phil. Franz Wever und*
*Dr.-Ing. Werner Lueg, Max-Planck-Institut für Eisen-*
*forschung, Düsseldorf*
Warmstauchversuche zur Ermittlung der Form-
änderungsfestigkeit von Gesenkschmiede-Stählen
*1956. 31 Seiten, 19 Abb. DM 9,90*

HEFT 285
*Prof. Dr.-Ing. Otto Kienzle, Dr.-Ing. Kurt Lange und*
*Dipl.-Ing. Helmut Meinert, Institut für Werkzeug-*
*maschinen und Umformtechnik der Technischen Hoch-*
*schule Hannover*
Einfluß der Oberfläche auf das Verschleißverhalten
von Schmiedegesenken
*1956. 50 Seiten, 29 Abb., 8 Tabellen. DM 14,60*

HEFT 286
*Dr.-Ing. Kurt Lange, Dipl.-Ing. Helmut Meinert,*
*unter Mitarbeit von Dr.-Ing. Heinz Arend, Institut für*
*Werkzeugmaschinen und Umformtechnik der Technischen*
*Hochschule Hannover*
Verschleißverhalten hartverchromter Schmiedege-
senke
*1956. 62 Seiten, 53 Abb., 6 Tabellen. DM 17,65*

HEFT 321
*Prof. Dr. phil. Franz Wever und*
*Dr. phil. Wolfgang Wepner, Max-Planck-Institut für*
*Eisenforschung, Düsseldorf*
Gleichzeitige Bestimmung kleiner Kohlenstoff- und
Stickstoffgehalte im α-Eisen durch Dämpfungs-
messung
*1956. 17 Seiten, 4 Abb., 3 Tabellen. DM 6,80*

HEFT 322
*Prof. Dr.-Ing. Franz Bollenrath und*
*Dipl.-Ing. Wilhelm Domke, Aachen*
Eigenspannungen in vergüteten, dickwandigen
Stahlzylindern nach Oberflächenhärtung mit induk-
tiver Erwärmung
*1956. 17 Seiten, 9 Abb., 2 Tabellen. DM 6,90*

HEFT 360
*Dr.-Ing. Eginhard Barz, Remscheid*
Fertigungsverfahren und Spannungsverlauf bei
Kreissägeblättern für Holz
*1957. 68 Seiten, 40 Abb. DM 17,—*

HEFT 367
*Dr. rer. nat. Dietrich Horstmann, Max-Planck-*
*Institut für Eisenforschung und Gemeinschaftsausschuß*
*Verzinken, Düsseldorf*
Der Angriff eisengesättigter Zinkschmelzen auf
kohlenstoff-, schwefel- und phosphorhaltiges Eisen
*1957. 42 Seiten, 22 Abb., 6 Tabellen. DM 12,85*

HEFT 375
*Technischer Überwachungs-Verein e. V., Essen*
Wanddickenmessungen mittels radioaktiver Strah-
len und Zählrohrgerät
*1958. 24 Seiten, 15 Abb. DM 9,55*

HEFT 376
*Technischer Überwachungs-Verein e. V., Essen*
Wasserumlaufprobleme an Hochdruckkesseln
*1958. 126 Seiten, 56 Abb., 8 Tabellen. DM 32,60*

HEFT 377
*Technischer Überwachungs-Verein e. V., Essen*
Versuche an Wanderrostkesseln mit befeuchteter
Verbrennungsluft
*1958. 35 Seiten, 19 Abb., 2 Tabellen. DM 12,20*

HEFT 395
*Dipl.-Ing. Ludwig Hahn, Clausthal-Zellerfeld*
Untersuchungen zur Frage des optimalen Bohr-
loch- und Patronendurchmessers
*1957. 119 Seiten, 49 Abb., 19 Tabellen. DM 31,25*

HEFT 445
*Dr. Ing. Eginhard Barz, Remscheid*
Fertigungs- und Prüfverfahren für Feilen
*Vergriffen*

HEFT 447
*Prof. Dr.-Ing. Franz Bollenrath, Aachen*
*Dr.-Ing. H. Füllenbach, Seesen und*
*Dipl.-Ing. J. Schumacher, Neubeckum*
Entwicklung rationell arbeitender Spritzkabinen
*1958. 44 Seiten, 26 Abb. Vergriffen*

HEFT 473
*Prof. Dr. phil. Franz Wever, Dr.-Ing. Werner Lueg und*
*Dipl.-Ing. Paul Funke jr., Max-Planck-Institut für*
*Eisenforschung, Düsseldorf*
Versuche an einer hydraulischen 25-t-Stangenzieh-
bank
*1957. 22 Seiten, 11 Abb. DM 8,95*

HEFT 557
*Dr.-Ing. Hans Schiffers, Dipl.-Ing. Dieter Ammann,
Dipl.-Ing. Erich Brugger und Dipl.-Ing. Rudolf Dicke,
Gießerei-Institut der Rhein.-Westf. Technischen Hochschule Aachen*
Härtbarkeit von Gußeisen mit Lamellen- und
Kugelgraphit in Abhängigkeit von Zusammensetzung und Gefüge
*1958. 29 Seiten, 24 Abb., 1 Tabelle. DM 11,—*

HEFT 630
*Prof. Dr. phil. Walter Koch und
Dr. techn. Dipl.-Ing. Hanns Malissa, Max-Planck-Institut für Eisenforschung, Düsseldorf*
Beiträge zur Spurenanalyse im Reinsteisen
*1958. 25 Seiten, 8 Tabellen. DM 7,60*

HEFT 639
*Prof. Dr.-Ing. habil. Karl Krekeler,
Dr.-Ing. Heinz Peukert und Dipl.-Ing. Otto Schwarz,
Institut für Kunststoffverarbeitung an der Rhein.-Westf.
Technischen Hochschule Aachen*
Auswertung der in- und ausländischen Literatur
auf dem Gebiete des Metallklebens
*1958. 152 Seiten. Vergriffen*

HEFT 655
*Dr. rer. pol. A. Theodor Wuppermann,
Prof. Dr.-Ing. M. Pfender und
Reg.-Rat Dipl.-Ing. E. Amedick, im Auftrage des
Vereins Deutscher Eisenhüttenleute, Düsseldorf*
Untersuchung des Einflusses von Oberflächenfehlern auf die Dauerhaltbarkeit von Kurbelwellen
*1958. 48 Seiten, 101 Abb., 4 Tabellen. Vergriffen*

HEFT 680
*Prof. Dr. phil. Walter Koch,
Dr.-Ing. Angelika Schrader,
Dr.-Ing. habil. Alfred Krisch und
Dipl.-Phys. Helmut Rohde, Max-Planck-Institut für
Eisenforschung, Düsseldorf*
Änderungen im Gefügeaufbau austenitischer
Chrom-Nickel-Stähle bei Zeitstandversuchen von
mehrjähriger Dauer
*1959. 37 Seiten, 23 Abb., 5 Tabellen. DM 12,20*

HEFT 681
*Prof. Dr.-Ing. Dr.-Ing. E. h. Hermann Schenk und
Dr.-Ing. Werner Wenzel, Institut für Eisenhüttenwesen
der Rhein.-Westf. Technischen Hochschule Aachen*
Die Reduktion von Eisenerzen im Elektro-Fließbett
*1959. 76 Seiten, 20 Abb., 12 Tabellen. DM 19,60*

HEFT 693
*Prof. Dr.-Ing. Otto Kienzle,
Dr.-Ing. Friedrich Wilhelm Timmerbeil und
Dr.-Ing. Thomas Jordan, Hannover*
Einige Untersuchungen über das Schneiden von
Blechen
*1959. 55 Seiten, 54 Abb., 3 Tabellen. DM 17,40*

HEFT 702
*Prof. Dr. phil. Walter Koch und
Dipl.-Phys. Dr. rer. nat. Hans Lüdering, Max-Planck-Institut für Eisenforschung, Düsseldorf*
Statistische Auswertung von Thomasroheisenproben guter und schlechter Verblasbarkeit
*1959. 20 Seiten, 3 Abb., 3 Tabellen. DM 6,50*

HEFT 703
*Prof. Dr. phil. Walter Koch und
Dipl.-Phys. Dr. phil. Heinz Sundermann, Max-Planck-Institut für Eisenforschung, Düsseldorf*
Isolierungstechnische Untersuchungen an Thomasroheisen
*1959. 28 Seiten, 16 Abb., 1 Tabelle. DM 9,—*

HEFT 705
*Dr.-Ing. Karl Ernst Mayer, Dr.-Ing. Helmut Knüppel,
Ing. Arthur Stumpf, Dortmund-Hörder-Hüttenunion
AG, Dortmund, und Prof. Dr. phil. Walter Koch,
Max-Planck-Institut für Eisenforschung, Düsseldorf*
Wege zur automatischen Überwachung des
Thomasverfahrens
*1959. 56 Seiten, 20 Abb., 7 Tabellen. DM 14,80*

HEFT 714
*Prof. Dr.-Ing. Wilhelm Patterson, Gießerei-Institut
der Rhein.-Westf. Technischen Hochschule Aachen*
Wirkung einer Gasspülung auf den Magnesiumverbrauch bei der Herstellung von Gußeisen mit
Kugelgraphit
*1959. 44 Seiten, 35 Abb., 14 Tabellen. DM 13,40*

HEFT 728
*Dr.-Ing. Klaus Spies, Dortmund*
Die Zwischenformen beim Gesenkschmieden und
ihre Herstellung durch Formwalzen
*1959. 113 Seiten, 61 Abb., 2 Tabellen. DM 29,60*

HEFT 740
*Dr. rer. nat. Dietrich Horstmann, Max-Planck-Institut für Eisenforschung und Gemeinschaftsausschuß
Verzinken, Düsseldorf*
Einfluß einiger Eisen- und Zinkbegleiter auf
Größe und Art des Zinkangriffs auf Eisen
*1959. 38 Seiten, 22 Abb., 1 Tabelle. DM 12,60*

HEFT 741
*Dipl.-Ing. Hans Stüdemann, Dipl.-Ing. Fritz Esselborn
und Ing. Hermann Hartmann, Forschungsinstitut an der
Fachschule für Metallgestaltung und Metalltechnik,
Solingen*
Untersuchungen zur Prüfung der Korrosionsbeständigkeit rostbeständiger Besteckbleche aus
Chromstahl
*1959. 31 Seiten, 30 Abb., 4 Tabellen. DM 10,30*

HEFT 742
*Dr.-Ing. Eginhard Barz, Verein zur Förderung von
Forschungs- und Entwicklungsarbeiten in der Werkzeugindustrie e. V., Remscheid*
Schneideigenschaften von schneidenden Zangen
und Prüfverfahren
*1959. 66 Seiten, 40 Abb., 4 Tabellen. DM 18,40*

HEFT 757
*Dr.-Ing. Angelika Schrader und*
*Dr.-Ing. habil. Alfred Krisch, Max-Planck-Institut für*
*Eisenforschung, Düsseldorf*
Mikroskopische Beobachtungen von Ausscheidungen in austenitischen und ferritischen Stählen nach dem Kriechversuch
*1959. 21 Seiten, 22 Abb., 1 Tabelle. DM 8,60*

HEFT 780
*Prof. Dr. phil. Franz Wever, Dr.-Ing. Werner Lueg und*
*Dr.-Ing. Paul Funke, Max-Planck-Institut für Eisenforschung, Düsseldorf*
Untersuchung von Walzölen und Walzölemulsionen im Kaltwalzversuch
*1959. 68 Seiten, 28 Abb., mehr. Tabellen. DM 18,50*

HEFT 781
*Verein zur Förderung von Forschungs- und Entwicklungsarbeiten in der Werkzeugindustrie e. V., Remscheid*
Verformungseinflüsse bei der Feilenherstellung
*1959. 65 Seiten, 39 Abb. DM 20,—*

HEFT 840
*Prof. Dr. phil. Franz Wever,*
*Dr.-Ing. Hans-Günter Müller und*
*Dr.-Ing. Paul Funke, Max-Planck-Institut für Eisenforschung, Düsseldorf*
Versuchsmäßige und rechnerische Bestimmung von Walzkraft und Drehmoment unter Einwirkung von Bandzugspannungen beim Kaltwalzen von Bandstahl
*1960. 36 Seiten, 12 Abb., 3 Tafeln. DM 10,90*

HEFT 841
*Dr. rer. nat. Hubert Blanck, Max-Planck-Institut für Eisenforschung, Düsseldorf*
Untersuchungen zur Kinetik des Martensitzerfalls
*1960. 33 Seiten, 11 Abb. DM 10,30*

HEFT 848
*Dipl.-Ing. Hans-Jochen Stöter, Institut für Werkzeugmaschinen und Umformtechnik der Technischen Hochschule Hannover*
Untersuchung des Schmiedevorganges in Hammer und Presse, insbesondere hinsichtlich des Steigens
*1960. 133 Seiten, 62 Abb., 8 Tabellen. DM 35,60*

HEFT 889
*Dr.-Ing. Werner Hufschmidt, Lehrstuhl für Heizung und Lüftung an der Rhein.-Westf. Technischen Hochschule Aachen*
Die Eigenschaften von Rippenrohrluftkühlern im Arbeitsbereich der Klimaanlage
*1960. 125 Seiten, 37 Abb. DM 33,30*

HEFT 890
*Dr.-Ing. Heinz Meyer, Institut für Werkzeugmaschinen und Umformtechnik, Technische Hochschule Hannover*
Untersuchungen über den Umformvorgang in Waagerecht-Stauchmaschinen
*1960. 75 Seiten, 61 Abb., 3 Tabellen. DM 21,90*

HEFT 916
*Dipl.-Ing. Hans-Joachim Crasemann, Forschungsstelle Blechbearbeitung am Institut für Werkzeugmaschinen und Umformtechnik der Technischen Hochschule Hannover*
*Direktor: Prof. Dr.-Ing. Dr.-Ing. E. h. Otto Kienzle*
Der offene, kreuzende Scherschnitt an Blechen
*1960. 138 Seiten, 66 Abb., 10 Tabellen. DM 40,70*

HEFT 1000
*Dipl.-Ing. Hartmut Tolkien, Institut für Werkzeugmaschinen und Umformtechnik der Technischen Hochschule Hannover*
*Direktor: Prof. Dr.-Ing. Dr.-Ing. E. h. Otto Kienzle*
Schmierwirkungen in Schmiedegesenken
*1961. 150 Seiten, 75 Abb., 2 Tabellen, 1 Anhang. DM 44,90*

HEFT 1004
*Dr.-Ing. Eginhard Barz, Verein zur Förderung von Forschungs- und Entwicklungsarbeiten in der Werkzeugindustrie e. V., Remscheid*
Untersuchung von Schraubendrehern und Schraubenverbindungen
*1961. 68 Seiten, 26 Abb., 12 Tabellen. DM 22,30*

HEFT 1027
*Dr.-Ing. Eginhard Barz, Verein zur Förderung von Forschungs- und Entwicklungsarbeiten in der Werkzeugindustrie e. V., Remscheid*
Prüfung von Feilen
*1961. 57 Seiten, 23 Abb., 7 Tabellen. DM 20,50*

HEFT 1028
*Dr.-Ing. Siegfried Stendorf, Verein zur Förderung von Forschungs- und Entwicklungsarbeiten in der Werkzeugindustrie e. V., Remscheid*
Das Gleitstauchen von Schneidezähnen an Sägen für Holz
*1961. 138 Seiten, 85 Abb., 9 Tabellen. DM 47,10*

HEFT 1056
*Dr.-Ing. Oskar Pawelski und Dr.-Ing. Werner Lueg †, Max-Planck-Institut für Eisenforschung, Düsseldorf*
Der Spannungszustand beim Ziehen und Einstoßen von runden Stangen
*1962. 106 Seiten, 35 Abb., 10 Tabellen. DM 33,60*

HEFT 1089
*Direktor Dipl.-Ing. Hans Stüdemann und*
*Dr.-Ing. Fritz Esselborn, Forschungsinstitut an der Fachschule für Metallgestaltung und Metalltechnik, Solingen*
Untersuchungen über den Einfluß der Zusammensetzung und Gefügeausbildung auf das Härtungsverhalten des Stahles X 40 Cr 13
*1962. 37 Seiten, 37 Abb., 8 Tabellen. DM 17,—*

HEFT 1091
*Dipl.-Ing. Kurt Buchmann, Forschungsgesellschaft Blechverarbeitung e. V., Düsseldorf*
Beitrag zur Verschleißbeurteilung beim Schneiden von Stahlfeinblechen
*1962. 126 Seiten, 77 Abb. DM 71,40*

HEFT 1129
*Prof. Dr.-Ing. Joseph Mathieu, Forschungsinstitut für Rationalisierung an der Rhein.-Westf. Technischen Hochschule, Aachen, im Auftrage des Fachverbandes Gesenkschmieden im Wirtschaftsverband Stahlverformung, Hagen*
Richtwerte für eine Platzkostenrechnung in der Gesenkschmiedeindustrie
*1963. 54 Seiten, 7 Tabellen, 52 Seiten tabellarischer Anhang. DM 63,30*

HEFT 1140
*Direktor Dipl.-Ing. Hans Stüdemann und Dipl.-Ing. Fritz Esselborn, Forschungsinstitut an der Fachschule für Metallgestaltung und Metalltechnik, Solingen*
Einflüsse der Prüfbedingungen auf die Ergebnisse von Schneideigenschaftsprüfungen an Messern
*1962. 33 Seiten, 24 Abb. DM 14,80*

HEFT 1162
*Prof. Dr.-Ing. Dr.-Ing. E. h. Otto Kienzle und Dipl.-Ing. Manfred Meyer, im Auftrage der Forschungsgesellschaft Blechverarbeitung e. V., Düsseldorf*
Verfahren zur Erzielung glatter Schnittflächen beim vollkantigen Schneiden von Blech
*1963. 114 Seiten, 71 Abb., 6 Tabellen. DM 60,40*

HEFT 1164
*Dr.-Ing. Eginhard Barz u. a., Verein zur Förderung von Forschungs- und Entwicklungsarbeiten in der Werkzeugindustrie e. V., Remscheid*
Teil I: Arbeitsverhalten von scheibenförmigen Werkzeugen
Teil II: Schnittversuche von verleimten Holzwerkzeugen
*1963. 90 Seiten, 16 Abb., 6 Tabellen. DM 44,80*

HEFT 1171
*Prof. Dr.-Ing., Dr.-Ing E. h. Otto Kienzle und Dipl.-Ing. Kurt Haverbeck, Hannover, im Auftrage der Forschungsgesellschaft Blechverarbeitung e. V., Düsseldorf*
Das Herstellen von Außenborden an Blechteilen zwischen Stempel und Ring
*1963. 96 Seiten, 58 Abb. DM 54,50*

HEFT 1347
*Dr. rer. nat. Dietrich Horstmann, Max-Planck-Institut für Eisenforschung und Gemeinschaftsausschuß Verzinken, Düsseldorf*
Allgemeine Gesetzmäßigkeiten des Einflusses von Eisenbegleitern auf die Vorgänge beim Feuerverzinken
*1964. 27 Seiten, 17 Abb., 2 Tabellen. DM 16,50*

HEFT 1348
*Prof. Dr.-Ing. Dr. h. c. Herwart Opitz, Dr.-Ing. Wilfried König und Dipl.-Ing. Wolf-Dieter Neumann, Laboratorium für Werkzeugmaschinen und Betriebslehre der Rhein.-Westf. Technischen Hochschule Aachen*
Einfluß verschiedener Schmelzen auf die Zerspanbarkeit von Gesenkschmiedestücken
*1964. 99 Seiten, 64 Abb., 12 Tabellen. DM 59,—*

HEFT 1349
*Dr.-Ing. Tin Ming Wu, Forschungsstelle Gesenkschmieden an der Technischen Hochschule Hannover*
Untersuchungen über das Auftragsschweißen von Gesenken für Schmiedestücke aus Stahl
*1964. 46 Seiten, 16 Abb., 14 Tabellen. DM 22,80*

HEFT 1350
*Prof. Dr. phil. Karl Löhberg, Dipl.-Ing. Klaus Röhrig und Dr.-Ing. Peter Sahm, Institut für Gießereikunde der Technischen Universität Berlin*
Über die Keimbildung in unlegiertem Kupfer und unlegiertem Eisen
*1964. 77 Seiten, 22 Abb., 6 Tabellen. DM 36,—*

HEFT 1352
*Direktor Dipl.-Ing. Hans Stüdemann und Dr.-Ing. Fritz Esselborn, Forschungsinstitut an der Fachschule für Metallgestaltung und Metalltechnik, Solingen*
Die Ergebnisse von Schneideigenschaftsprüfungen an Messern unter Berücksichtigung des Einflusses der geometrischen Form des Messers und des Einflusses der Karbidverteilung und -größe im Werkstoff
*1964. 39 Seiten, 48 Abb., 2 Tabellen. DM 21,—*

HEFT 1353
*Direktor Dipl.-Ing. Hans Stüdemann und Dr.-Ing. Fritz Esselborn, Forschungsinstitut an der Fachschule für Metallgestaltung und Metalltechnik, Solingen*
Untersuchungen über den Einfluß unterschiedlicher Herstellungsverfahren auf die Qualität rostbeständiger Messer
*1964. 48 Seiten, 53 Abb. DM 22,50*

HEFT 1354
*Direktor Dipl.-Ing. Hans Stüdemann und Dr.-Ing. Fritz Esselborn, Forschungsinstitut an der Fachschule für Metallgestaltung und Metalltechnik, Solingen*
Untersuchungen über den Einfluß der Wärmebehandlung in Zusammenhang mit unterschiedlicher Herstellung auf die Eigenschaften von rostbeständigen Messern
*1964. 33 Seiten, 42 Abb. DM 18,—*

HEFT 1355
*Dr.-Ing. habil. Alfred Krisch, Max-Planck-Institut für Eisenforschung, Düsseldorf*
Kriechverhalten, Gefügeänderungen und Risse bei mehrjährigen Zeirstandversuchen
*1964. 27 Seiten, 17 Abb., 6 Tabellen. DM 14,80*

HEFT 1381
*Dr.-Ing. Heinz Meyer-Nolkemper, Forschungsstelle
Gesenkschmieden an der Technischen Hochschule Hannover*
*Im Auftrage des Verbandes Gesenkschmieden im Wirtschaftsverband Stahlverformung, Hagen*
Dornen in Waagerecht-Stauchmaschinen
*1964. 45 Seiten, 30 Abb., 2 Tabellen. DM 26,50*

HEFT 1395
*Prof. Dr. rer. techn. Fritz Reutter, Institut für Geometrie und Praktische Mathematik der Rhein.-Westf.
Technischen Hochschule Aachen, Dr. rer. nat. Dieter
Haupt, Rechenzentrum der Rhein.-Westf. Technischen
Hochschule Aachen*
Untersuchungen auf dem Gebiet der praktischen
Mathematik
*1964. 85 Seiten, 6 Abb., 10 Tabellen. DM 53,50*

HEFT 1413
*Dr. rer. nat. Dietrich Horstmann und Dipl.-Ing. Ulrich
Krause, Max-Planck-Institut für Eisenforschung und
Gemeinschaftsausschuß Verzinken, Düsseldorf*
Einfluß von Oberflächenrauheit und Glühbehandlung auf die Güte verzinkter Bleche
*1964. 22 Seiten, 9 Abb., 1 Tabelle. DM 14,—*

HEFT 1421
*Dr.-Ing. Hermann Füllenbach, Harry Lange, Harry
Parthey und Iwan N. Stranski, Forschungsgesellschaft
Blechverarbeitung e. V., Düsseldorf*
Metallurgische und technologische Untersuchungen
an Weichloten
*1965. 69 Seiten, 53 Abb., 5 Tabellen. DM 33,—*

HEFT 1462
*Prof. Dr.-Ing. Dr.-Ing. E. h. Otto Kienzle und Dr.-Ing.
Helmut Zabel, Forschungsstelle Gesenkschmieden an der
Technischen Hochschule Hannover im Auftrage des Verbandes Deutscher Gesenkschmieden in Hagen*
Zerteilen metallischer Stangen durch Abscheren
*1965. 169 Seiten, 76 Abb., 4 Tabellen. DM 79,50*

HEFT 1486
*Dr. rer. nat. Dietrich Horstmann, Max-Planck-Institut für Eisenforschung, Düsseldorf, im Auftrage des
Gemeinschaftsausschuß Verzinken, Düsseldorf*
Der Einfluß des Blechwerkstoffes und der Verzinkungsbedingungen auf die Eigenschaften verzinkter Bleche und Bänder
*1965. 33 Seiten, 14 Abb., 1 Tabelle. DM 18,80*

HEFT 1504
*Direktor Dipl.-Ing. Hans Stüdemann, Dipl.-Ing. Rolf
Both und Ingenieur Ernst Lauterjung, Forschungsinstitut
für Schneidwaren, Solingen*
Entwicklung eines Prüfgerätes zur Messung des
Schneidverhaltens feiner Messerschneiden, unter
besonderer Berücksichtigung der Rasierklingen
*1965. 43 Seiten, 48 Abb., 2 Tabellen. DM 25,80*

HEFT 1534
*Prof. Dr. phil. Adolf Rose, Max-Planck-Institut für
Eisenforschung, Düsseldorf*
Schweißbarkeit und Umwandlungsverhalten der
Stähle
*1965. 57 Seiten, 20 Abb., 5 Tabellen. DM 39,—*

HEFT 1564
*Prof. Dr.-Ing. Alfred H. Henning†, Prof. Dr.-Ing.
habil. Karl Krekeler und Dipl.-Ing. Friedrich Mittrop,
Institut für Kunststoffverarbeitung in Industrie und Handwerk der Rhein.-Westf. Technischen Hochschule Aachen,
in Zusammenarbeit mit der Forschungsgesellschaft Blechverarbeitung e. V., Düsseldorf*
Untersuchungen über die Kombination Metallkleben–Punktschweißen
*1965. 31 Seiten, 20 Abb., 3 Tabellen. DM 19,80*

HEFT 1577
*Prof. Dr.-Ing. habil. Gerhard Oehler, Forschungsgesellschaft Blechverarbeitung e. V., Düsseldorf*
Vergleich und Abgrenzung der Einsatzmöglichkeit
der Abkantpressen, der Abkantmaschinen und der
Profilwalzmaschinen für Biege-Profil-Formungen
*1966. 103 Seiten, 46 Abb., 4 Tafeln, 12 Tabellen.
DM 60,90*

HEFT 1579
*Direktor Dipl.-Ing. Hans Stüdemann, Dipl.-Ing. Hans
Brundiek und Rudolf Grube, Forschungsinstitut für
Schneidwaren, Solingen*
Untersuchungen über den Einfluß der Zusammensetzung und Gefügeausbildungen auf das Anlaßverhalten des Stahles X 40 Cr 13
*1965. 43 Seiten, 39 Abb., 1 Tabelle. DM 27,60*

HEFT 1581
*Prof. Dr.-Ing. habil. A. Matting und Dipl.-Ing.
G. Wilkens, Hannover, in Zusammenarbeit mit der Forschungsgesellschaft Blechverarbeitung e. V., Düsseldorf*
Rollennahtschweißen von Feinblechen verschiedener Beschaffenheit unter 0,5 mm mit besonderer Berücksichtigung verzinnter Bleche
*1966. 39 Seiten, 28 Abb. DM 23,80*

HEFT 1598
*Dr.-Ing. Hans Groebler, Dr. Julius Seeger und Dr. Carl
Boller, Forschungsgesellschaft Blechverarbeitung e. V.,
Düsseldorf*
Verschleißmessungen an Überzügen auf Metalloberflächen
*1966. 59 Seiten, 31 Abb., 24 Tabellen. DM 37,—*

HEFT 1599
*Prof. Dr.-Ing. habil. Alexander Matting, Dr.-Ing.
Klaus Ulmer und Ing. Gerhard Hennig, Institut A für
Werkstoffkunde der Technischen Hochschule Hannover,
in Zusammenarbeit mit der Forschungsgesellschaft Blechverarbeitung e. V., Düsseldorf*
Metallkleben
*1966. 76 Seiten, 87 Abb., 1 Tabelle. DM 55,70*

HEFT 1600
*Prof. Dr.-Ing. habil. Adolf Dietzel, Würzburg, in Zusammenarbeit mit der Forschungsgesellschaft Blechverarbeitung e. V., Düsseldorf*
Einfluß des Wasserdampfgehaltes der Ofenatmosphäre auf den Stahlblech-Emaillierprozeß
*1966. 22 Seiten, 15 Abb. DM 14,80*

HEFT 1601
*Prof. Dr.-Ing. Dr. h.c. Herwart Opitz, Dr.-Ing. Wilfried König und Dipl.-Ing. Wolf-Dieter Neumann, Laboratorium für Werkzeugmaschinen und Betriebslehre der Rhein.-Westf. Technischen Hochschule Aachen*
Streuwertuntersuchungen der Zerspanbarkeit von Werkstücken aus verschiedenen Schmelzen des Stahles C 45
*1966. 50 Seiten, 25 Abb., 4 Tabellen. DM 33,50*

HEFT 1607
*Dr.-Ing. Eginhard Barz und Ing. Karl Oberwinter, Institut für Werkzeugforschung, Remscheid im Auftrage des Vereins zur Förderung von Forschungs- und Entwicklungsarbeiten in der Werkzeugindustrie e. V., Remscheid*
Zusammenwirken von Schraubenbetätigungswerkzeugen und Schrauben
Teil I
Untersuchung des zulässigen Größtspiels beim Anziehen von Sechskantschrauben mit Schraubenschlüsseln
TEIL II
Untersuchung der Anpassung von Schraubendrehern an Schlitzschrauben
*1966. 81 Seiten, 45 Abb., 6 Tabellen. DM 50,20*

HEFT 1613
*Prof. Dr.-Ing. habil. Gerhard Oehler, Deutsche Forschungsgesellschaft für Blechverarbeitung und Oberflächenbehandlung e. V., Düsseldorf*
Vergleich zwischen kalt und warm umgeformten Böden
*1966. 99 Seiten, 84 Abb., 14 Tabellen. DM 57,80*

HEFT 1614
*Prof. Dr.-Ing. habil. Gerhard Oehler, Forschungsgesellschaft Blechverarbeitung e. V., Düsseldorf*
Kräfte- und Leistungsermittlung an Rundbiegemaschinen
*1966. 60 Seiten, 26 Abb., 3 Tafeln. DM 45,80*

HEFT 1625
*Dipl.-Ing. Johannes Hoischen, Verein zur Förderung von Forschungs- und Entwicklungsarbeiten in der Werkzeugindustrie e. V., Remscheid*
Belastbarkeit und Abformgenauigkeit der Stempel beim Kalteinsenken
*1966. 128 Seiten, 109 Abb. DM 85,80*

HEFT 1631
*Dipl.-Ing. Heinz Peters, im Auftrage des Vereins zur Förderung von Forschungs- und Entwicklungsarbeiten in der Werkzeugindustrie e. V., Remscheid*
Untersuchung von Kettenwerkzeugen auf die günstigste Gestaltung und Anordnung der Schneiden und Glieder
Teil I:
Entwicklung und Bau eines Versuchsstandes für die Untersuchung von Sägeketten
*In Vorbereitung*

HEFT 1632
*Dr.-Ing. Eginhard Barz und Dipl.-Ing. Ulrich Niemann, Institut für Werkzeugforschung, Remscheid, im Auftrage des Vereins zur Förderung von Forschungs- und Entwicklungsarbeiten in der Werkzeugindustrie e. V., Remscheid*
Untersuchungen an schneidenden Zangen
Teil I
Untersuchung der unterschiedlichen Schneidenabnutzung bei schneidenden Zangen insbesondere bei Vornschneidern
Teil II
Prüfverfahren für Zangen mit mehrfacher Übersetzung insbesondere für Bolzenschneider
*1966. 89 Seiten, 63 Abb., 6 Tabellen. DM 52,10*

HEFT 1696
*o. Prof. em. Dr.-Ing. Dr.-Ing. E. h. Otto Kienzle und Dr.-Ing. Harry Neumann, Institut für Werkzeugmaschinen und Umformtechnik der Technischen Hochschule Hannover*
Methoden zur Bestimmung des elastischen Verhaltens von Pressen beliebiger Breite
*In Vorbereitung*

HEFT 1697
*Dipl.-Ing. Herbert Littnanski, Deutsche Forschungsgesellschaft für Blechverarbeitung und Oberflächenbehandlung e. V., Düsseldorf*
Hartlöten mit Silberloten
*1966. 102 Seiten, zahlr. Abb., 8 Tabellen. DM 62,40*

HEFT 1698
*Prof. Dr.-Ing. habil. Gerhard Oehler, Deutsche Forschungsgesellschaft für Blechverarbeitung und Oberflächenbehandlung e. V., Düsseldorf*
Untersuchungen über das V-Biegen von Blechen
*1966. 53 Seiten, 24 Abb., 11 Tabellen. DM 31,20*

HEFT 1737
*Prof. Dr.-Ing. habil. Gerhard Oehler, Düsseldorf, Deutsche Forschungsgesellschaft für Blechverarbeitung und Oberflächenbehandlung e. V., Düsseldorf*
Elastische Druckmittel

Verzeichnisse der Forschungsberichte aus folgenden Gebieten können beim Verlag angefordert werden:

Acetylen/Schweißtechnik – Arbeitswissenschaft – Bau/Steine/Erden – Bergbau – Biologie – Chemie – Druck/
Farbe/Papier/Photographie – Eisenverarbeitende Industrie – Elektrotechnik/Optik – Energiewirtschaft – Fahr-
zeugbau/Gasmotoren – Fertigung – Funktechnik/Astronomie – Gaswirtschaft – Holzbearbeitung – Hütten-
wesen/Werkstoffkunde – Kunststoffe – Luftfahrt/Flugwissenschaften – Luftreinhaltung – Maschinenbau –
Mathematik – Medizin/Pharmakologie – NE-Metalle – Physik – Rationalisierung – Schall/Ultraschall – Schiff-
fahrt – Textilforschung – Turbinen – Verkehr – Wirtschaftswissenschaften.

WESTDEUTSCHER VERLAG · KÖLN UND OPLADEN
567 Opladen/Rhld., Ophovener Straße 1–3